雹暴——监测技术

(第二版)

周筠珺　周　昱　著

科学出版社

北　京

内 容 简 介

雹暴是典型的极端灾害性天气过程，对其中物理过程及发生发展机制的了解，有赖于对其进行深入、系统的监测研究。本书基于国家对于极端天气事件防灾减灾的基本需求，将雹暴监测作为核心内容。全书共有七章，分别为：绪论、雹暴的主要物理过程、雹暴的地基基本监测方法、雹暴的空基遥感探测方法、雹暴的天基遥感探测方法、双偏振雷达对于雹暴天气过程的观测，以及典型雹暴的综合监测方法。

本书内容丰富翔实，理论简明扼要，方法明确实用，可作为气象领域专业人员及大气科学类本科生、研究生的科研参考资料及专业教材。

图书在版编目(CIP)数据

雹暴：监测技术 / 周筠珺, 周昱著. —2版. —北京：科学出版社，2023.5

ISBN 978-7-03-071243-1

Ⅰ. ①雹… Ⅱ. ①周… ②周… Ⅲ. ①雹暴-监测 Ⅳ. ①P426.64

中国版本图书馆 CIP 数据核字（2021）第 267169 号

责任编辑：武雯雯 / 责任校对：彭　映

责任印制：罗　科 / 封面设计：义和文创

科学出版社出版

北京东黄城根北街16号

邮政编码：100717

http://www.sciencep.com

成都锦瑞印刷有限责任公司印刷

科学出版社发行　各地新华书店经销

*

2019年8月第 一 版　印张：7 1/2

2023年5月第 二 版　开本：787×1092 1/16

2023年5月第二次印刷　字数：175 000

定价：99.00 元

（如有印装质量问题，我社负责调换）

前　言

随着人类文明的不断发展，人类对于地球环境的影响愈发明显，全球变化已是不争的事实。在这样的背景下，极端气候及天气事件频发。雹暴便是极端天气事件中常见的类型，其发生时主要会产生明显的降雹过程，同时伴随有短时强降水、大风(乃至龙卷)及雷电等灾害性天气现象。然而，目前在全球范围的不同区域内对其进行准确的预警预报，仍然是极具挑战性的工作。

利用基于天基、空基与地基平台的各类观测设备对雹暴进行系统监测，不仅可以更好地了解雹暴中复杂且相互作用的动力、热力、微物理及电活动过程，而且也有利于对雹暴开展更为有效的预警预报工作。

本书在介绍雹暴的局地发生概率及长期统计特征、气候变化背景下的雹暴特征、雹暴中冰雹形成主要过程、冰雹的强度及雹暴灾害的预警与预防的基础上，重点介绍了雹暴的主要物理特征、雹暴的地基基本监测方法、雹暴的空基遥感探测方法、雹暴的天基遥感探测方法、双偏振雷达对于雹暴天气过程的观测，以及典型雹暴的综合监测方法。特别是随着各类双偏振雷达观测技术的日趋完善，其在雹暴监测、雹暴预警预报、防雹作业指挥与效果评估等方面的优势也愈加明显；此外，使用基于各类平台的雹暴综合监测方法将是未来雹暴预警预报工作的主要发展趋势。

本书是在第二次青藏高原综合科学考察研究项目(2019QZKK0104)、国家自然科学基金项目(41875169)、国家重点研发计划项目(2018YFC1505702)、贵州省科技计划项目(黔科合支撑〔2019〕2387 号)、四川省重点研发项目(2022YFS0545)，以及南京信息工程大学气象灾害预报预警与评估协同创新中心共同资助下完成的，在此一并表示感谢。

由于作者水平有限，书中不足之处在所难免，敬请读者不吝赐正。

目　　录

第 1 章　绪论 ……………………………………………………………………………………………1
1.1　雹暴的局地发生概率及长期统计特征 ………………………………………………………1
1.2　气候变化背景下的雹暴特征……………………………………………………………………2
1.3　雹暴中冰雹形成主要过程………………………………………………………………………2
1.4　冰雹的强度…………………………………………………………………………………………4
1.5　雹暴灾害的预警与预防…………………………………………………………………………4
1.6　小结…………………………………………………………………………………………………5
参考文献 ………………………………………………………………………………………………5
第 2 章　雹暴的主要物理过程 …………………………………………………………………………8
2.1　雹暴的基本物理特征……………………………………………………………………………8
2.1.1　基于内部直接监测的雹暴基本物理特征 ……………………………………………8
2.1.2　雹暴产生的冰雹形状 ……………………………………………………………………10
2.1.3　雹暴的基本动力特征 ……………………………………………………………………12
2.1.4　雹暴的基本热动力特征 …………………………………………………………………15
2.1.5　雹暴的基本微物理特征 …………………………………………………………………19
2.1.6　雹暴的基本雷电活动特征 ………………………………………………………………23
2.2　雹暴中动力、微物理及电过程的相互作用 …………………………………………………30
2.3　城市化对于雹暴的影响…………………………………………………………………………32
2.4　小结…………………………………………………………………………………………………33
参考文献 ………………………………………………………………………………………………34
第 3 章　雹暴的地基基本监测方法 ……………………………………………………………………39
3.1　地面的降雹记录…………………………………………………………………………………39
3.2　雹暴识别方法评估………………………………………………………………………………40
3.3　雹暴的地基监测研究中存在的问题……………………………………………………………41
3.4　地基遥感探测方法对强降雹与雹暴进行监测的基本方法 …………………………………41
3.5　基于雷达观测的冰雹落区的监测方法 …………………………………………………………42
3.6　闪电监测资料在雹暴天气监测中的应用 ………………………………………………………45
3.7　小结…………………………………………………………………………………………………47
参考文献 ………………………………………………………………………………………………47
第 4 章　雹暴的空基遥感探测方法 ……………………………………………………………………49
4.1　机载雷达监测强雹暴的主要设备………………………………………………………………49

4.2 典型的飞机观测雹暴过程 …… 50
4.3 机载设备对于雹暴微物理特征的监测 …… 53
4.4 小结 …… 56
参考文献 …… 56
第 5 章 雹暴的天基遥感探测方法 …… 58
5.1 利用天基遥感探测平台研究雹暴的现状 …… 58
5.2 研究中主要的卫星资料 …… 60
5.3 利用 TRMM 卫星资料分析雹暴特征 …… 60
5.4 GPM 卫星的应用 …… 61
5.5 利用 GOES-16 的快速扫描功能分析强雹暴 …… 63
5.6 小结 …… 64
参考文献 …… 64
第 6 章 双偏振雷达对于雹暴天气过程的观测 …… 66
6.1 常用的双偏振雷达 …… 66
6.2 雹暴的偏振特征 …… 67
6.3 龙卷的偏振特征 …… 67
6.4 关于 Z_{DR} 柱的观测背景 …… 68
6.5 Z_{DR} 柱的基本定义 …… 70
6.6 K_{DP} 的定义及物理解释 …… 70
6.7 不同 CCN 浓度环境条件下的 Z_{DR} 柱 …… 71
6.8 Z_{DR} 柱的演变特征 …… 71
6.9 Z_{DR} 柱的物理解析 …… 72
6.10 小结 …… 84
参考文献 …… 84
第 7 章 典型雹暴的综合监测方法 …… 87
7.1 冰雹大量累积雹暴的闪电及双偏振雷达特征 …… 88
7.2 使用常规天气雷达预警雹暴中的冰雹累积 …… 89
7.3 基于雷达冰雹识别算法扩大冰雹天气数据库的方法 …… 92
7.4 美国南部大平原冰雹的时间变化和成因的监测研究 …… 92
7.5 产生大量小雹的雹暴的监测研究 …… 93
7.6 雨滴谱仪与 X 波段雷达对雹暴系统中对流性降水的监测 …… 95
7.7 超级单体爆发性增长的云顶及其雷达观测特征 …… 97
7.8 多单体雹暴 …… 103
7.9 低仰角偏振雷达对于雹暴的监测 …… 104
7.10 小结 …… 108
参考文献 …… 108

第1章 绪　　论

众所周知，气候处于不断的变化中，不仅平均变化明显，而且其中极端事件也层出不穷。然而人类对气候变化反映在具体天气现象上的监测能力存在诸多的不确定性，对于造成此类变化原因的认识亦十分有限。与雹暴相关的极端天气通常指的是那些持续时间较短，其中风或降水水平与类型在中小尺度的范围内，对于特定时间和地点而言，为不常发生的事件。

雹暴可产生冰雹、强降水、大风及雷电等致灾性天气现象，其在全球的很多地区都能造成巨大的生命与财产损失，及时、连续、高效地监测雹暴，是预防和减少雹暴灾害的重要手段。

从气候变化的角度分析并评估一个地区的雹暴灾害是十分重要的工作，然而目前全世界范围内直接、连续及长期的雹暴观测仍然不足，对于雹暴的数值预报及临近预报也存在较大的不确定性。主要原因是对于雹暴的各类物理过程监测及研究不够深入，因而将观测结果同化于模式中的工作也就相对较为滞后，且存在较大的不确定性。利用各类遥感监测方法(如雷达、卫星或雷电传感器等)，也可以发展一些雹暴预警的替代方法。

目前对于雹暴的研究主要聚焦于(Martius et al.，2018)：①雹暴的局地发生概率及长期统计特征；②气候变化背景下的雹暴特征；③雹暴的基本物理特征；④雹暴灾害的预警与预防。

1.1　雹暴的局地发生概率及长期统计特征

雹暴的局地、区域或洲际尺度的发生概率分析及雹暴发生的大气环境研究是学术界关注的科学问题之一。雹暴发生概率主要是通过雷达与卫星的监测，并辅之以一些测雹板得到的。其中，雷达监测的时空分辨率较高，因而其监测的准确性较高。目前雷达观测体系复杂，主要包括 S、C、X 波段，以及单偏振与双偏振等制式。

通过长期系统地观测，可以揭示雹暴发生的时空规律，以及大尺度的大气条件与局地的触发条件。卫星在观测雹暴时可以发现其洲际尺度的特征，需要明确强对流发生与地面降雹之间的关系。卫星观测有时会对发展较弱的降雹对流产生误判。在全球范围内雹暴可普遍发生于亚热带及温带地区，降雹过程中冰雹直径大于 10cm 的雹暴在很多地区都曾出现。在雹暴气候统计的工作中，通常需从雹暴的发生环境(如大气不稳定度、低层水汽含量)进行分析，此类方法简单易行，但基于雷达与卫星的雹暴识别方法更为重要。除此之外，测雹板与自动冰雹记录仪所获得的资料，以及雹灾损失的保险资料也都可以用于分析。

1.2 气候变化背景下的雹暴特征

在全球变化的大背景下，对潜在的雹暴发生频率、强度及冰雹尺度分布的变化是很难进行评估的，这可能与冻结层高度增加及在雹暴中的上升增强等有关，同时也与雹暴的动力、热动力及因未来气溶胶浓度变化导致的微物理等过程的不确定性有着一定的联系。这种不确定性还与观测的不连续相关。目前在全球范围内，高密度的测雹板的设置只在少数地区得以实现，主要包括法国部分地区、西班牙北部、意大利东部及中国部分地区。然而，这些地区雹暴的变化趋势可能是完全相反的，这些变化趋势与宏观和微观物理及动力效应都有关系，可具体体现于不稳定度、湿平流、冻结层高度及气溶胶浓度等的变化。

对于没有观测资料的区域而言，再分析资料与气候模式通常可被用于分析雹暴的气候特征。虽然这些方法并没有涉及雹暴的触发机制，但是其能够提供空间上“准一致性”的气候分析结果。

1.3 雹暴中冰雹形成主要过程

已有研究表明，强对流不稳定度、高的大气湿度及中等强度的风切变都有利于强雹暴的发展。Foote(1984)指出冰雹的尺度主要受主上升气流的宽度与倾斜程度的影响，而根据Browning 和 Foote(1976)的冰雹增长模型可知，小的冻结水成物粒子或者雹胚，自向后倾斜的云砧中落下(即“胚胎帘”)，并重新进入上升气流，这些水成物粒子在上升气流中不断地淞附液态水。通常最大的冰雹生长于中等强度的上升气流中，其中冰雹的下落速度基本可以与上升气流速度达到平衡。Takahashi(1976)研究发现在雹暴上升气流中，冰雹的循环是其增长的主要因子，并认为在上升气流中循环的冰晶会率先形成霰粒子；在雹暴的最后阶段冰雹自云中降落，并在与云滴相互作用过程中不断增长。Nelson(1983)利用多部多普勒雷达资料，通过垂直速度与云水含量发展了雹粒子的增长模型。Tessendorf 等(2005)利用双偏振雷达与多普勒雷达研究发现多数大冰雹最初的尺度接近毫米级，主要源自中高层气流的停滞区，其主要是围绕上升气流上部辐散出流中如障碍物的气流区域；循环增长的雹胚粒子沿着上升气流中心右侧落下，并重新进入上升气流中，与从云底沿主低空上升气流生长的其他较小粒子混合。

Seigel 和 Van Den Heever(2013)利用区域大气模拟系统(regional atmospheric modeling system，RAMS)模拟了一次飑线过程，研究表明冰雹与雨水通过夹卷进入 0℃层以下的上升气流上风方，这不仅促进了冰雹的增长，而且导致额外的潜热释放，进而增强浮力与降水过程。观测及数值模拟研究的结果都表明，在雹胚循环增长的过程中，冰雹通过撞冻过冷水得以增长。因此，过冷水的质量将实质性地影响雹粒子的尺度。云凝结核浓度的增加可能导致过冷水含量的增加(Freud et al.，2008)，因此云凝结核对于冰雹的质量与尺度均有明显的影响。为了进一步分析气溶胶对于冰雹质量与尺度的影响，需要深入了解雹暴的微物理过程。

云物理的参数化对于强对流天气过程的模拟至关重要，好的参数化设计可以减小模拟误差(Clark and Coauthors，2012)，不同的微物理方案涉及的物理过程也有较大的差异(Morrison and Milbrandt，2015；Khain et al.，2016；Fan and Coauthors，2017；Han and Coauthors，2019)。冰相粒子的融化过程与冷池的形成及降水的形式密切相关，在一般的物理方案中处理得相对简单。在这些方案中，通常仅用总质量与粒子数两个量描述冰相粒子的尺度分布。Rasmussen 等(1984)认为融化的冰相粒子的降落有赖于粒子的尺度，也会影响冰雹及雨滴的尺度，同时会影响雷达的偏振参量(Jung et al.，2012；Dawson et al.，2013，2014；Johnson et al.，2016；Putnam et al.，2017；Snyder et al.，2017)。

在模式的参数化方案中，降水粒子(包括雹粒子)的尺度分布通常被设定为伽马分布或指数分布。由于大冰雹的尺度与分布的最右端相对应，因此对于冰雹而言这部分分布应当得到更加详细的描述。Farley 和 Orville(1986)在整体参数化方案中应用了分档微物理方案，其中冰雹部分包含几十个质量分档进行计算。为了模拟直径超过 1cm 的冰雹，Noppel 等(2010)在 Seifert 和 Beheng(2006)的“双参”参数方案中引入新的冰雹粒子分类，而在一些“三参”参数化方案中(Loftus and Cotton，2014)，伽马分布的形状参数也被纳入其中进行分析，以便更好地分析冰雹尺度的分布。通常而言，在冰雹的尺度分析中，“三参”参数化方案比“双参”参数化方案更具优势。

气溶胶或云凝结核对于冰雹的形成与尺度都有一定的影响，在特定的条件下，冰雹的尺度、雷达反射率及降水量都会随着云凝结核浓度的增加而增加(Noppel et al.，2010)。事实上，冰雹的形成与增长机制都是十分复杂的。有研究认为过冷液滴的冻结会很快形成冰雹，而雨滴的冻结过程与时间有关，且雨滴完全冻结所需的时间可能达到数分钟(Phillips et al.，2014)。雹暴系统中冻滴通过对流及背景气流输送数百米至数公里。过冷液滴的连续撞冻增加了液滴的冻结时间。液滴特性(主要包括液水含量、粒子形状、密度及下落速度)在冻结过程中会随时间发生变化。冻滴有别于雨滴与冰雹，其可以被归为单独的一类。

大雨滴为非球形的，并有一定的取向，当双偏振雷达在测量它们时，会得到较大的差分反射率(Z_{DR})。由于冻滴中包含的并非纯水，冻滴的 Z_{DR} 值会小于雨滴的 Z_{DR} 值。在 Z_{DR} 柱形成机制中，冻滴起着重要的作用。冻滴的空间分布会影响冰雹的形成及冰雹形成的相区域。冻滴及冰雹的生长机制通常存在两种状态，即干增长与湿增长，对其的研究不仅有益于了解冰雹粒子分层结构的成因，而且有助于计算这些粒子的增长率。在冰雹的干增长状态中，当冰雹的表面较干时，不能收集冰粒子；相反，当冰雹处于湿增长状态时，其表面有一层液水膜，则能够收集冰粒子。由于干湿粒子表面的粗糙度不同，因此冻滴、霰粒子及冰雹的下落速度也有赖于其增长状态。湿增长过程决定着粒子冻结潜热释放的垂直分布，其对雹云的动力过程有着一定的影响。云微物理模型倾向于假设在湿增长阶段的冰雹粒子表面的水层会很快脱落，尽管这种假设将冰雹的增长过程进行了简化，但是从物理原理上看却是错误的。为了更好地模拟冰雹或霰粒子的湿增长过程，需要考虑这些粒子中存在的液态水。Phillips 等(2014) 将冰雹粒子的结构设定为包含有“核”且表面有液体层的多层“海绵体”，此类冰雹或霰粒子的增长取决于其表面的温度。由于“海绵体”中的液体冻结需要一定的时间(这有赖于环境条件)，冰雹在开始干增长时，内部包含有前面湿增长阶段累积的液体。

在气候变化的背景下，气溶胶对于次生冰晶繁生与冰雹形成都有重要的影响。模式模拟有时得出完全相反的结论，即随着气溶胶浓度的升高，雹暴出现的频率会增加或减少；模式对于积分的时间步长及微物理方案都较为敏感。在模式研究中，冰雹的下落末速度(与动能成正比)是重要的影响因子，其与冰雹的尺度相关。由于冰雹下落末速度非线性依赖其密度与形状，特别是冰雹并非为球形，因此下落末速度很难估算。在模式中，冰雹尺度及相关的动能通常是通过假设冰雹为球形进行计算的。

1.4 冰雹的强度

降落至地面的冰雹可以对人类的生产生活造成严重的危害，冰雹不仅对农村地区农业生产威胁严重，而且对高度发达的城市区域的伤害会更大。冰雹造成的危害与其尺度、密度、硬度有着密切的关系(Brown et al.，2015)。

当冰雹的尺度超过一定的阈值时，降落下来便会损坏地面的物体。通常，冰雹的尺度越大，其对于地面物体所造成的损坏就越严重。

在每次雹暴天气过程中，仅通过最大冰雹尺度信息来估测其造成的危害是远远不够的，而应了解有多少冰雹的尺度超过了可造成损害的尺度阈值，因此冰雹的尺度分布至关重要。除此之外，降雹的时空分布对于了解冰雹的致灾也是必不可少的。较为简单的方法是通过设定雷达的反射率阈值[如大于45dBZ(Aydin et al.，1986)]以指示降雹的时间与范围。随着现代雷达技术的发展，双偏振雷达可以区分不同水成物粒子的类型，同时也可以区分不同尺度的冰雹(Ryzhkov et al.，2013)。

1.5 雹暴灾害的预警与预防

雹暴过程中，冰雹造成的灾害损失有时是十分明显的，对其的具体预警涉及雹暴的危害性(即产生降雹的可能性及其严重程度)、承灾体脆弱性(即与冰雹尺度相关的承灾体的损失)、承灾体暴露度(即在特定位置的承灾体)。雹暴的危害性主要是通过遥感设备(如卫星、雷达及雷电探测设备)观测后分析得到的。雹暴的短临预报系统应当尽可能多地应用观测系统的资料，以便提高预报的时效性与准确性。卫星观测的优势主要在于可先于雷达数十分钟发现雹暴，但是卫星观测的分辨率较低，也缺乏双偏振雷达那样较为特殊的观测功能。在雹暴的整个生命期中，雷电活动增加显著，即存在雷电跃增的特征。研究中基于对各类资料的研究结果，给出的冰雹发生的确切时间并不一致，其中冰雹的发生包括首次地面降雹与最大的冰雹强度的出现。原则上，应当将雷电活动跃增与冰雹的降落轨迹联系在一起实施雹暴的临近预报。目前对于雹暴单体位移预报的准确性尚较低，仍不足以降低预报中存在的不确定性。雹暴生命期特征(即自首次冰雹降落至地面起雹暴的持续时间)对于临近预报而言也是十分重要的信息。随着双偏振雷达的普及与应用，其对水成物粒子的识别能力得以不断提高，在此基础上新的雹暴预警预报方法也不断涌现。

就目前的研究而言，仍然缺乏可靠、高品质及长期连续的雹暴观测资料，而观测系统的可比较性至关重要，即使是同类的观测系统也存在此类问题(如不同制式利用不同方法标定的雷达)，这是至今没有切实解决的问题。利用手机应用程序及无人机观测冰雹影响区域的空间分布是低成本且有益的方法。然而，这些方法还需要通过标准化的直接地面观测(如自动冰雹传感器的观测)加以补充。此外，诸如降落冰雹的拖拽系数的观测特性，以及实验室冻结过程试验对于完善雹暴研究理论而言也是至关重要的，其对于更新数值预报模式中的冰雹微物理过程的参数化也是不可或缺的。高频次与高分辨率雷达资料应用于集合数值天气预报系统已显示出这种方法在临近预报应用中的巨大潜力。而关于“冰雹频率强度与气候变化之间的关系”这一经常被问到的问题，则需要更多的信息以便更好地了解大尺度自然气候变化与局地尺度对流之间的联系，其中也包括这些联系背后的诸如遥相关特征的驱动因素。虽然观测及模式研究都存在一定的不确定性，但是一般而言，在气候变暖的背景下，雹暴的强度会增加，而雹暴过程中小冰雹的融化也更加显著。

1.6 小 结

雹暴是典型的灾害性天气系统，其可以产生致灾性明显的冰雹、降水、大风、雷电等天气现象，其中具有活跃的热动力、微物理及起电放电过程，且各类物理过程之间的相互作用复杂。尽管人们利用直接探测及间接遥感的方法对于雹暴的物理特征有了一定的认识，但是学术界对于雹暴发生发展的机理、其中相互作用的物理过程、灾害性的天气现象形成等的认知还是十分有限的。解决这些认知“瓶颈”的唯一路径便是对雹暴系统的有效监测，只有针对雹暴开展深入、系统的基于监测的研究，才能逐渐认识雹暴，从而更好地对其进行预警预报，并开展科学的人工防雹工作。

参考文献

Aydin K，Seliga T A，Balaji V，1986. Remote sensing of hail with a dual-linear polarization radar[J]. J. Climate Appl. Meteor.，25：1475-1484.

Brown M，Pogorzelski W H，Giammanco I M，2015. Evaluating hail damage using property insurance claimsdata[J]. Wea. Climate Soc.，7：197-210.

Browning K A，Foote G B，1976. Airflow and hail growth in supercell storms and some implications for hail suppression[J]. Quart. J. Roy. Meteor. Soc.，102：499-533.

Clark A J，Coauthors，2012. An overview of the 2010 hazardous weather testbed experimental forecast program spring experiment[J]. Bull. Amer. Meteor. Soc.，93：55-74.

Dawson D T II，Wicker L J，Mansell E R，et al.，2013. Low-level polarimetric radar signatures in EnKF analyses and forecasts of the May 8，2003 Oklahoma city tornadicsupercell：Impact of multimoment microphysics and comparisons with observation[J]. Adv. Meteor: 1-13.

Dawson D T II，Mansell E R，Jung Y，et al.，2014.Low-level Z_{DR} signatures in supercell forwardflanks：The role of size sorting and melting of hail[J]. J. Atmos.Sci.，71: 276-299.

Fan J，Coauthors，2017. Cloud-resolving model intercomparison of an MC3E squall line case：Part I-Convective updrafts[J].J. Geophys. Res. Atmos.，122：9351-9378.

Foote G B，1984. A study of hail growth using observed stormconditions[J]. J. Climate Appl. Meteor.，23：84-101.

Farley R D，Orville H D，1986.Numerical modeling ofhailstorms and hailstone growth. Part I：Preliminarymodel verification and sensitivity tests[J]. J. Climate Appl.Meteor.，25：2014-2035.

Freud E，Rosenfeld D，Andreae M O，et al.，2008.Robust relations between CCN and the vertical evolution of cloud drop size distribution in deep convective clouds[J]. Atmos. Chem. Phys.，8：1661-1675.

Han B，Coauthors，2019.Cloud-resolving model intercomparison of an MC3E squall line case：Part II. Stratiform precipitationproperties[J]. J. Geophys. Res. Atmos.，124(2)：1090-1117.

Johnson M，Jung Y，Dawson D T，et al.，2016. Comparison of simulated polarimetric signatures in idealized supercell storms using two-moment bulk microphysics schemes in WRF[J]. Mon. Wea. Rev.，144：971-996.

Jung Y，Xue M，Tong M，2012.Ensemble Kalman filter analysesof the 29-30 May 2004 Oklahoma tornadic thunderstorm usingone- and two-moment bulk microphysics schemes，with verification against polarimetric radar data[J]. Mon. Wea. Rev.，140：1457-1475.

Khain A，Lynn B，Shpund J，2016. High resolution WRF simulationsof Hurricane Irene：Sensitivity to aerosols and choiceof microphysical schemes[J]. Atmos. Res.，167：129-145.

Loftus A M，Cotton W R，2014. A triple-moment hail bulk microphysics scheme. Part II：Verification and comparison with two-moment bulk microphysics[J]. Atmos. Res.，150：97-128.

Martius O，Hering A，Kunz M，et al.，2018.Challenges and recent advances in hail research laboratory[J]. Bull. Amer. Meteor. Soc.，99(3)：51-54.

Morrison H，Milbrandt J A，2015. Parameterization of cloud microphysics based on the prediction of bulk ice particle properties[J]. Part I：Scheme Description and Idealized Tests. J. Atmos.Sci.，72：287-311.

Nelson S P，1983. The influence of storm flow structure onhail growth[J]. J. Atmos. Sci.，40：1965-1983.

Noppel H，Pokrovsky A，Lynn B，et al.，2010. A spatial shift of precipitation from the sea to the landcaused by introducing submicron soluble aerosols：Numerical modeling[J]. J. Geophys. Res.，115：D18212.

Phillips V T J，Khain A，Benmoshe N，et al.，2014.Theory of time-dependent freezing. Part I：Description of scheme for wet growth of hail[J]. J. Atmos. Sci.，71：4527-4557.

Putnam B J，Xue M，Jung Y，et al.，2017. Simulation of polarimetric radar variables from 2013 CAPSSpring Experiment storm-scale ensemble forecasts and evaluation of microphysics schemes[J]. Mon. Wea. Rev.，145：49-73.

Rasmussen R M，Levizzani V，Pruppacher H R，1984.A wind tunnel and theoretical study on the melting behavior of atmospheric ice particles：III. Experiment and theory for spherical ice particles of radius[J]. J. Atmos. Sci.，41：381-388.

Ryzhkov A V，Kumjian M R，Ganson S M，et al.，2013.Polarimetric radar characteristics of melting hail. Part II：Practical implications[J]. J. Appl. Meteor. Climatol.，52：2871-2886.

Seigel R B，Van Den Heever S C，2013.Squall-line intensification via hydrometeor recirculation[J]. J. Atmos. Sci.，70：2012-2031.

Seifert A，Beheng K D，2006. A two-moment cloud microphysics parameterization for mixed-phase clouds. Part 1：Model description[J]. Meteor. Atmos. Phys.，92：45-66.

Snyder J C，Bluestein H B，Dawson D T，et al.，2017.Simulations of polarimetric，X-band radar signatures in supercells. Part I：Description of experiment and simulated phv rings[J]. J. Appl. Meteor. Climatol.，56：1977-1999.

Takahashi T，1976. Hail in an axisymmetric cloud model[J]. J. Atmos.Sci.，33：1579-1601.

Tessendorf S A，Miller L J，Wiens K C，et al.，2005.The 29 June 2000 supercell observed during STEPS. PartI：Kinematics and microphysics[J]. J. Atmos. Sci.，62：4127-4150.

第2章　雹暴的主要物理过程

在雹暴系统中对雹暴的物理过程进行系统而深入的观测是十分重要的工作，观测中特别涉及与各类水成物粒子的形成和增长高度相关的热动力、微物理及雷电过程，而观测设备包括地基、空基及天基设备。

2.1　雹暴的基本物理特征

2.1.1　基于内部直接监测的雹暴基本物理特征

1. 雹暴基本结构特征

Foote 和 Wade(1982)较早地对雹暴的热动力与动力特征进行了分析，研究表明成熟雹暴的平均云顶高度可以达到 14km(海拔)，云底如流出的高度可以达到 3.7～3.9km(海拔，距地面 2km 以上)，而温度的变化范围在 5.7～7.6℃。若入流自东南方向进入雹暴系统，则雹暴会向东南方向移动。雹暴中层的微物理特征可通过飞机穿云观测获得。

雹暴中层存在特殊的区域，这些区域与雹暴单体的主上升气流相关联，由于流场特征存在一定的差异，这些区域之间也有所不同。除了存在主上升气流区，还存在悬垂体，以及雹暴系统中衰减的积云形成的“对流碎片”，与此同时，新的雹暴单体也在系统中不断形成，而在云砧部分有降水。

T-28 飞机于 1976 年 7 月 22 日在美国科罗拉多州东北部穿云观测经过雹暴系统主要的上升及下沉区域(Heymsfield and Musil，1982)，并经过了新生单体及前方的悬垂体，其中的单体的上升气流速度超过 10m/s。

在飞机穿过主上升气流区的过程中，记录到峰值上升气流速度分别为 19m/s、26m/s、18m/s、15m/s，而最强的上升气流区的雷达反射率有所降低；在强上升气流中心的东侧存在强下沉气流，其速度可以达到 10～15m/s。

峰值位温与强上升气流的反射率减小区相对应，东侧的大值区一直延伸进入下沉气流区。入流区位温的测量值为 340～344K，这比雹暴的中层高 2～5K。

2. 雹暴的液水及冰水含量

雹暴云中液水含量(liquid water content，LWC)最高值出现在最强的上升气流中，其中 LWC 峰值为 2.5g·cm^{-3}，该值为绝热状态时的 70%～80%，其中的平均液滴浓度为 750～800g·cm^{-3}，而平均的液滴直径为 14～16μm，液滴直径很少超过 24μm，这类液滴为典型的“大陆型”云滴。由粒子尺度谱计算的冰水含量(ice water content，IWC)小于 1.0g·cm^{-3}，其中最高的冰水含量几乎均位于上升气流区的东侧。

3. 湍流与夹卷

涡流耗散率（$\epsilon^{1/3}$）可用于雹暴中湍流的定量分析，其中最强上升气流区中涡流耗散率最低；最高的涡流耗散率出现在上升气流的东侧，其与LWC的减小区相关联。

为了分析上升气流中的夹卷特征，需要获取其中的温度与LWC的变化特征。混合气块被上升气流或下沉气流输送至飞机观测高度，通过飞机监测其中的温度与LWC的特征，进而分析被夹卷的空气的比例。当混合较高区域的空气时，其温度往往比混合较低区域的空气低1～3℃。

4. 主上升气流与下沉气流中的水成物粒子

通过机载一维探头测量雹暴主上升气流与下沉气流中的水成物粒子。其中，冰相粒子的尺度可以分为小(25～1000μm)、中(1～5mm)、大(＞5mm)，观测发现，上升气流的东侧及下沉气流中存在各类冰相水成物粒子，反射率核心区存在“大”的水成物粒子，上升气流西侧观测到霰粒子的凇附增长，于主上升气流的东侧及下沉气流中观测到霰、雹、柱状冰晶凇附的聚合物，最大尺度的粒子主要分布于上升气流的东侧及下沉气流中。所有测量中粒子下落末速度每4s获取一次，并对应获取尺度谱及粒子特性。在强上升气流核心中，所有的粒子被快速抬升；而在下沉气流中粒子的下沉速度可以达到30m·s^{-1}，在上升气流的西侧最大的粒子出现降落。

由于夹卷作用的存在，上升气流中的测量表明LWC由上升气流的外侧向内侧增加。而在强上升气流中由于粒子的增长，上升气流边缘LWC的减小更明显。由于水成物粒子的增长速率与LWC成正比，上升气流中的水成物粒子的增长速率与其在上升气流中所处的位置有关。上升气流中还存在次生冰晶效应，其中冰晶的繁生与冰核谱密切相关，其主要产生机制可能是源于粒子之间的“碰撞-破碎”过程。在次生冰晶繁生过程中，小冰相粒子由大冰相粒子产生，收集率接近零的冰相粒子的凇附主要源于大的凇附冰相粒子的碎片。

5. 液态水的耗散

当LWC被冰相粒子消耗到初始值的1/e时所需的时间被定义为液态水的耗散时间（τ_1）。由于雹暴生命期一般为10^3s的量级，在上升气流区域中，多数情况下$\tau_1>10^3$s，这说明液水转变为降水在上升气流中效率是很低的。在强上升气流中τ_1甚至会更大，在飞机飞行高度之上过冷水中粒子存在增长过程，可能是由于过冷水并没有被先前的粒子所消耗，而最低的τ_1出现于上升气流的边缘。

6. 前向悬垂体与云砧的特征

雹暴前向部分发展得很高，其中偶尔也会出现向上发展的对流泡；对雷达反射率与雹暴风场的分析表明，前向悬垂体是源于消散的对流泡或单体，并受平流风场的影响而最终形成的。其典型的强度为5～25dBZ，其中的垂直运动较弱，通常为1～3m·s^{-1}，液水含量也较低，为0.0～0.1g·m^{-3}，粒子浓度通常小于1L^{-1}。由粒子的尺度及特性的资料可知，柱状冰晶及聚合物是前向悬垂体中主要的水成物粒子，这些粒子所处的环境温度为-16～

−12℃，该温度区间是利于此类水成物粒子生长的，粒子谱主要呈现为双峰结构。通常冰相粒子的尺度小于 0.5mm 为板状，且其线性增长速率较低；而分枝板状与星状的增长速率相对较高。悬垂体中最大的柱状与分枝板状水成物粒子是常见的，其环境相对湿度可以达到 100%。前向悬垂体中存在聚合物，其尺度大于 5mm。

云砧中的垂直运动是相对较弱的，其中部分区域向上的垂直速度主要在 $4 \sim 6\text{m} \cdot \text{s}^{-1}$，而较小的一些区域向下的垂直速度为 $5\text{m} \cdot \text{s}^{-1}$，LWC 为 $0.1 \sim 0.2\text{g} \cdot \text{m}^{-3}$。由分枝板状淞附形成的云砧中聚合物以及不规则的聚合物占了很大一部分，其中的冰相粒子的浓度超过 100L^{-1}，最大粒子的尺度超过 5mm，而冰含量介于 $0.2 \sim 1.0\text{g} \cdot \text{m}^{-3}$。

雹暴的不同区域中水成物粒子的分布特征有着较大的差异，雹暴中淞附与聚并是霰及雹粒子形成的主要途径，粒子增长主要出现在上升气流中，而次生冰晶过程在上升气流中也十分明显。

7. 冰相粒子的生长

通过观测发现，大的冰相粒子主要出现于降水的“衰退区”及上升气流的核心区，这些粒子有潜力增长为霰粒子与冰雹，因此系统地了解冰相粒子可能的增长模式与轨迹是十分重要的工作。飞机穿云观测可以较好地了解水成物粒子的增长过程。雹暴最初的阶段主要是积云阶段，其通过主上升气流获取水汽；然后水成物粒子发展为柱状冰晶，通过冰相粒子的增长或者与环境充分混合消耗水汽，使得相对湿度降至相对于冰面饱和；此后水成物粒子聚并增长(图 2.1)。当水成物粒子处于下沉气流中时还存在蒸发现象，而这些水成物粒子也可以进入(或被夹卷进入)主上升气流与新发展的单体中。

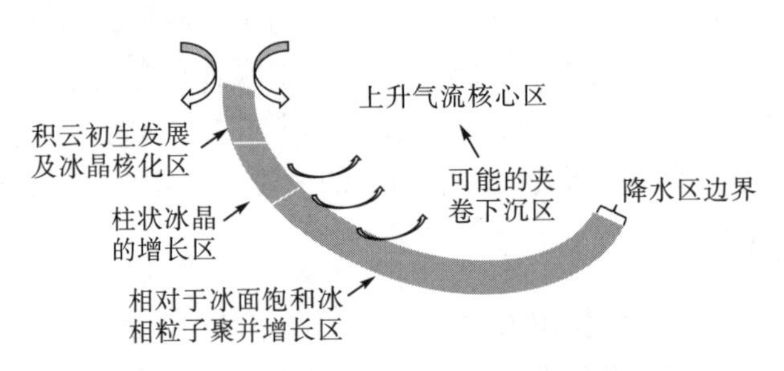

图 2.1 雹暴的动力与其中水成物粒子分布结构

2.1.2 雹暴产生的冰雹形状

雹暴系统中有显著的降雹过程，而降落的自然冰雹形状各异，这主要与其增长的过程、轨迹、下落特性等高度相关。一些冰雹在其主体之外生长出突起或裂片，这可能是其活跃的增长过程所造成的。冰雹在其干增长过程中存在小尺度的扰动，并会形成小的突起(Knight，1986)。尽管冰雹的外形存在这类自然变化，但是通常认为冰雹的形状在其生长及融化阶段为球形或接近球形(Kumjian and Coauthors，2020)；在基于雷达监测的冰雹尺度计算(Ortega et al.，2016)及数值模式的参数化方案(Thompson et al.，2004)中冰雹的外形也同样被认为是球形的。

冰雹的形状会影响其与环境之间的热量交换，这对于冰雹的增长与融化有一定的影响，冰雹不规则及有突起的形状还会影响其电磁散射特性(Jiang et al.，2019)，这些会直接影响雷达及卫星对冰雹的监测算法。不规则的粒子形状会影响其下落过程中的拖拽系数(Chhabra et al.，1999)，从而影响其下落速度及下落特性(如翻滚或旋转等)，冰雹下落速度决定着其动能及对地面的破坏潜力(Heymsfield et al.，2018)，其下落特性同时会影响偏振雷达的散射特性(Kumjian，2018)，在数值模拟中，冰雹下落速度还会影响雹暴结构与生命期的模拟(Bryan and Morrison，2012)。

虽然对于冰雹外形特征的研究十分重要，但由于外形极为不规则，自然冰雹的测量较为困难，对于冰雹外形的定量研究仍然较少。Knight (1986)利用纵横比对冰雹外形进行了轴对称处理，且认为冰雹是球形的。Brown-Giammanco 和 Giammanco(2018)也开展了类似的工作，并认为冰雹是椭球形的。

1. 冰雹的形状特征

随着红外激光扫描技术的发展，高分辨率的三维冰雹形状的获取已逐渐成为现实(Giammanco et al.，2017)，这其中就包括准确地测量冰雹的体积、表面积，同时还可定量地分析冰雹最大尺度与等效体积球径及冰雹球度的关系。Shedd 等(2021)通过试验，在美国平原地区收集了 42 天内超过 3600 个冰雹样本，主要测量了冰雹的主轴($D_{\max}$)与次轴($D_{\min}$)，以及中间尺度(D_{int}，即与主次轴所在平面垂直的轴的尺度)，主轴的变化范围为 0.5～12cm，而多数都小于 5cm。通过红外激光扫描仪可建立高分辨率的三维数字冰雹模型(Giammanco et al.，2017)，从而可实施自然冰雹电磁散射的计算。其中，可计算最小纵横比 $\varphi_{\min} = D_{\min} / D_{\max}$ 及中间纵横比 $\varphi_{\text{int}} = D_{\text{int}} / D_{\max}$。

有三个轴的椭球冰雹的体积如下：

$$V = \frac{\pi}{6}\left(D_{\max} \times D_{\min} \times D_{\text{int}}\right) \tag{2.1}$$

有两个轴的扁椭球体的体积如下：

$$V = \frac{\pi}{6}\left(D_{\max} \times D_{\max} \times D_{\min}\right) \tag{2.2}$$

进而可获取冰雹的等效直径 D_{eq} 与等效表面积 SA_{eq}。

有两个轴的扁椭球体的表面积则为

$$SA_{\text{obl}} = \frac{\pi D_{\max}^2}{2} + \frac{\pi D_{\min}^2}{4\varepsilon}\ln\left(\frac{1+\varepsilon}{1-\varepsilon}\right) \tag{2.3}$$

其中，$\varepsilon = \sqrt{1-\varphi_{\min}^2}$ 为离心率。

有三个轴的椭球体的表面积 SA_{ell} 则为

$$SA_{\text{ell}} \approx \pi\left[\frac{\left(D_{\max}D_{\text{int}}\right)^{1.6} + \left(D_{\max}D_{\min}\right)^{1.6} + \left(D_{\text{int}}D_{\min}\right)^{1.6}}{3}\right]^{1/1.6} \tag{2.4}$$

此即为托马斯-坎特雷尔(Thomsen-Cantrell)公式。此外，还可计算球形度，具体如下(Wadell，1935)：

$$\Psi = \frac{SA_{eq}}{SA_{msr}} \tag{2.5}$$

其中，SA_{eq} 为冰雹的等效表面积；SA_{msr} 为冰雹的实际表面积。

2. 冰雹下落特征

冰雹的形状对于其下落特征有一定的影响。主要是冰雹形状对拖拽系数 C_d 有影响，而冰雹的拖拽系数 C_d 与其下落末速度 v_t 成反比，因此 C_d 增加会使得冰雹的 v_t 与动能减小。冰雹的旁瓣或裂片会增加冰雹的粗糙度，并使其在下落过程中形成更加不规则的形状，反过来对 C_d 也会有一定的影响。C_d 可参数化为冰雹的雷诺数方程，具体如下：

$$N_{Re} = \frac{v_t D_p}{\nu} \tag{2.6}$$

其中，D_p 为冰雹特征线性维数；ν 为冰雹所在的流体的运动黏度。

Heymsfield 和 Wright(2014)的研究认为存在“超临界”N_{Re}，在这个状态中 C_d 会快速减小，v_t 会快速增加，然而这种 “超临界” 只会出现在光滑球形冰雹的下落过程中，而粗糙的球形冰雹会使 C_d 的减小变弱。由于自然冰雹并非光滑的球形，因此其不存在这种“超临界”的 N_{Re}。Chhabra 等(1999)的研究认为可利用球形度分析 N_{Re} 和 C_d 的关系。因为 v_t 与 D_p 存在一定的不确定性，所以确定 N_{Re} 也存在一定的困难(Heymsfield et al.，2018)。C_d 与 N_{Re} 之间并不存在明确的关系，C_d 主要集中在 0.55～0.60，最大值超过了 0.8(Shedd et al.，2021)。

2.1.3 雹暴的基本动力特征

雷达观测强雹暴(如超级单体)时，水平结构特征较为明显的是钩状回波，钩状回波通常与雹暴中的下沉气流(即后侧下沉气流)相关联，而后侧下沉气流被认为可能是龙卷的源地。尽管已有的研究表明钩状回波、后侧下沉气流及龙卷的产生之间有一定的关联性，但是对其关系的研究尚不够系统。

1. 钩状回波的基本特征

Stout 和 Huff(1953)最早将钩状回波记录在案，而真正对其命名的是 Van Tassel (1955)；钩状回波通常是后侧强回波区域的向下的延伸部分(Forbes，1981)，也被称为悬垂体(Lemon，1982)，而处于悬垂体下方的则被称为弱回波区(Chisholm，1973)或穹窿(Browning and Donaldson，1963)。钩状回波一般长可达数公里，宽可达数百米。Fujita(1973)对其形状进行了总结，并根据对钩状回波的演变特征的分析，发展了雹暴旋转的理论，这种旋转结构的半径可达 8～16km。Van Tassel(1955)认为在钩状回波的尖端存在一个微弱向外延伸的反气旋突起。Fujita 和 Wakimoto(1982)在反气旋垂直涡度区域内记录了一次反气旋龙卷风，气旋涡度同样也可以产生龙卷。然而这种气旋与反气旋同时存在的“漩涡对联”并没有得到系统的解释与分析。

2. 钩状回波的形成

Fujita(1958)最初将钩状回波归因于源自围绕着与龙卷气旋及上升气流相关联的旋转区域的主回波后方的降水平流，其后又将其归因于马格纳斯力(即升力)，这种力将螺旋上升的气流从主回波中拉出，形成了常见的钩状回波。

Fulks(1962)则认为大的对流塔延伸进入强垂直风切变中，在对流塔两端分别产生气旋与反气旋气流，其中气旋可导致钩状回波的发展，但其并未提及反气旋钩状回波的形成与机制。Brandes(1977)分析了未产生龙卷的雹暴，认为当下沉气流加强时，出流与内部的旋转上升气流相互作用，充满液滴的低层气流的水平加速导致钩状回波的形成。很显然其将降水产生的平流作为钩状回波产生的必需条件，这与 Fujita 的研究结果如出一辙。其他的一些观测研究表明，在下沉气流后侧的“雨帘”是钩状回波形成的主要原因(Forbes，1981)。

3. 基于钩状回波探测的龙卷预报

基于钩状回波探测的预报工作源于 20 世纪 60 年代。Sadowski(1958)的研究指出在钩状回波出现后便形成了龙卷。Sadowski(1969)利用 1953～1966 年的观测资料分析指出，钩状回波平均可提前 15min 先于龙卷出现，而虚警率仅为 12%；然而 Golden(1974)认为与钩状回波相关的水龙卷仅占 10%的比例。Forbes(1975)的研究认为绝大多数的钩状回波与龙卷相关，与钩状回波相关联的龙卷往往比与其他类型回波关联的要强很多。

4. 后侧下沉气流

后侧下沉气流处于气流的下沉区域，其源于雹暴主上升气流的后侧。Golden 和 Purcell (1978)在俄克拉荷马用照片记录了雹暴的下沉气流，通过分析确认为后侧下沉气流，同时证实龙卷发生在强垂直速度梯度处；此外在龙卷风周围至少 2/3 的区域内有“空隙”的云体包裹着它，这可能与下沉气流中含有大液滴并从悬垂体中降落至地面有关。

为了更好地分析后侧下沉气流的形成机制，可从无黏垂直动量方程着手，即

$$\frac{\mathrm{d}w}{\mathrm{d}t}=\frac{\partial w}{\partial t}+\vec{v}\cdot\vec{\nabla}w=-c_{\mathrm{p}}\overline{\theta}\frac{\partial\pi}{\partial z}+B \tag{2.7}$$

其中，$\frac{\mathrm{d}w}{\mathrm{d}t}$ 为气块的垂直加速度；$\vec{v}=(u,v,w)$ 为三维速度矢量；$\vec{v}\cdot\vec{\nabla}w$ 为垂直速度平流；c_{p} 为热容量；$\overline{\theta}$ 为平均位温；π 为扰动艾克纳(Exner)函数；B 为浮力。

浮力算法具体如下：

$$B=\mathrm{g}\left(\frac{\theta'}{\overline{\theta}}+0.61q_{\mathrm{v}}'-q_{\mathrm{l}}-q_{\mathrm{i}}\right) \tag{2.8}$$

其中，θ' 与 q_{v}' 分别为位温与水汽混合比在基本状态上的扰动；q_{l} 与 q_{i} 分别为液水(包括云水与雨水)及冰混合比。

对式(2.8)取散度，并假设 $\vec{\nabla}\pi\sim-\pi$ ，则有(Rotunno and Klemp，1982)：

$$\pi\propto\left[\left(\frac{\partial u}{\partial x}\right)^2+\left(\frac{\partial v}{\partial y}\right)^2+\left(\frac{\partial w}{\partial z}\right)^2\right]+\frac{1}{2}\left(\left|\vec{D}\right|^2-\left|\vec{\eta}\right|^2\right)+\frac{\partial B}{\partial z} \tag{2.9}$$

其中，$\left|\vec{D}\right|$与$\left|\vec{\eta}\right|$分别为总变形及涡度；$\left(\frac{\partial u}{\partial x}\right)^2+\left(\frac{\partial v}{\partial y}\right)^2+\left(\frac{\partial w}{\partial z}\right)^2$为流体的扩展项。

若式(2.9)是包含垂直风切变的基态线性化，则初始速度分量代表基态的波动，则有：

$$\pi \propto \left[\left(\frac{\partial u'}{\partial x}\right)^2+\left(\frac{\partial v'}{\partial y}\right)^2+\left(\frac{\partial w'}{\partial z}\right)^2\right]+2\left(\frac{\partial v'}{\partial x}\frac{\partial u'}{\partial y}+\frac{\partial w'}{\partial x}\frac{\partial u'}{\partial z}+\frac{\partial w'}{\partial y}\frac{\partial v'}{\partial z}\right)+2\frac{\partial \bar{\vec{v}}}{\partial z}\cdot\vec{\nabla}w'-\frac{\partial B}{\partial z}$$

$$=\pi_{\mathrm{nl}}+\pi_{\mathrm{l}}+\pi_{\mathrm{b}}=\pi_{\mathrm{dn}}+\pi_{\mathrm{b}} \tag{2.10}$$

其中，$\bar{\vec{v}}$为矢量的平均；π_{nl}、π_{l}及π_{b}分别为非线性、线性及浮力效应；π_{dn}为包括非线性及线性的动力效应，具体有

$$\pi_{\mathrm{nl}} \propto \left[\left(\frac{\partial u'}{\partial x}\right)^2+\left(\frac{\partial v'}{\partial y}\right)^2+\left(\frac{\partial w'}{\partial z}\right)^2\right]+2\left(\frac{\partial v'}{\partial x}\frac{\partial u'}{\partial y}+\frac{\partial w'}{\partial x}\frac{\partial u'}{\partial z}+\frac{\partial w'}{\partial y}\frac{\partial v'}{\partial z}\right) \tag{2.11}$$

$$\pi_{\mathrm{l}} \propto 2\frac{\partial \bar{\vec{v}}}{\partial z}\cdot\vec{\nabla}w' \tag{2.12}$$

$$\pi_{\mathrm{b}} \propto -\frac{\partial B}{\partial z} \tag{2.13}$$

因此动量方程可以改写为

$$\frac{\partial w}{\partial t}+\bar{\vec{v}}\cdot\vec{\nabla}w=\left(-c_{\mathrm{p}}\bar{\theta}\frac{\partial \pi_{\mathrm{nl}}}{\partial z}-c_{\mathrm{p}}\bar{\theta}\frac{\partial \pi_{\mathrm{n}}}{\partial z}\right)+\left(-c_{\mathrm{p}}\bar{\theta}\frac{\partial \pi_{\mathrm{b}}}{\partial z}+B\right)=-c_{\mathrm{p}}\bar{\theta}\frac{\partial \pi_{\mathrm{dn}}}{\partial z}+\left(-c_{\mathrm{p}}\bar{\theta}\frac{\partial \pi_{\mathrm{b}}}{\partial z}+B\right) \tag{2.14}$$

其中，$-c_{\mathrm{p}}\bar{\theta}\frac{\partial \pi_{\mathrm{dn}}}{\partial z}$为动力部分；$-c_{\mathrm{p}}\bar{\theta}\frac{\partial \pi_{\mathrm{b}}}{\partial z}+B$为浮力部分。

由式(2.14)可知，负浮力会导致下沉，其主要是由蒸发冷却、冰雹融化、降水、气压梯度的垂直扰动、垂直涡度的垂直梯度、上升气流中环境气流的“停滞”及垂直浮力变化形成的气压扰动等造成的。

5. 后侧下沉气流在龙卷产生中的作用

Ludlam(1963)是较早认为雹暴的后侧下沉气流对于龙卷产生有贡献的学者之一，其认为一般气流中的涡度在上下运动的界面附近，以切变形式存在并会适当倾斜。Fujita(1975)则认为下沉气流与钩状回波相关联，并对龙卷的发生有至关重要的作用。根据其循环假设：下沉气流循环进入龙卷，该过程导致龙卷后侧显著辐合，由降水及进入龙卷的循环空气造成的角动量向下的传输将加剧龙卷发展所需的切向加速度。而进一步的解释则有(Lemon and Doswell，1979)：①空气在上风方驻点处减速，被迫向下与低层的空气混合，然后通过蒸发冷却和降水阻力到达地面；②最初旋转的上升气流被转变为新的具有分裂结构的中气旋，其旋转中心位于后侧下沉气流与上升气流分离的区域；③旋转中气旋的下沉与后侧下沉气流的下沉同时出现。

钩状回波及其关联的后侧下沉气流对于龙卷的产生至关重要，正如多年来在研究中所看到的那样，在对其进行更为详细的时空监测之前，也许不可能在对其认识上取得重大进展，目前仍然存在一些需要进一步研究的问题，主要如下。

(1)作为后侧下沉气流内位置和雹暴演变阶段的函数，主导后侧下沉气流的作用力有哪些？

(2) 主导后侧下沉气流的作用力在不同类型雹暴中的变化特征是怎样的？

(3) 钩状回波与后侧下沉气流在不同类型雹暴中的热动力与微物理特征是怎样的？

(4) 大尺度环境场是如何影响后侧下沉气流的？

(5) 龙卷产生过程对于后侧下沉气流的热动力与微物理特征敏感吗？

尽管这些研究主要都是基于观测实施的，但是观测的内容还相对较少，且观测结果尚具有一定的不确定性。

2.1.4　雹暴的基本热动力特征

通过对雹暴的观测与数值模拟研究可知，雹暴的热动力特征对于其所在区域的环境场有着直接的响应。在不同类型的雹暴中，超级单体雹暴多发生于具有中高浮力及强风切变的环境场中，其中特别是需要由强垂直压力梯度引起的持续上升气流(Browning，1964)。多单体雹暴则是在生命期较短的上升气流浮力的驱动下，于冷外流的前缘不断更新形成的(Byers and Braham 1949)。然而，Foote 和 Wade(1982)的研究表明，中等强度的雹暴在一些方面与超级单体雹暴类似，但其上升气流强度具有一定脉动性与不稳定性，这与多单体雹暴是相近的。Fankhauser 等(1992)观测研究发现在较小的浮力环境中存在长生命期的对流上升气流，通常雹暴的上升气流不仅具有超级单体的特征，同时也依赖维持其发展的沿阵风锋的低层辐合。此外，在低对流有效位能但切变强烈的环境中，超级单体雹暴的发生在中纬度地区具有一定的规律性。进一步的研究表明，由于发展高度较浅雹暴的对流有效位能较低，因此对其的预报能力也相对有限。事实上，发展较浅(整个系统的深度不超过5km)雹暴的强度通常属于中等，其结构与动力特征与超级单体雹暴都有很大的区别。

1. *分析方法*

Protat 和 Zawadzki (1999)发展了变分分析方法，通过多部多普勒雷达反演三维雹暴风场。为了减小误差，该方法利用两部以上的多普勒雷达，其中组网雷达的多普勒速度为以两个水平风分量为控制变量的代价函数的弱约束因素，但连续性方程则为代价函数的强约束因素。组网雷达的特点在于，同时从独立的分辨率体积中收集所有多普勒速度值，这可使由气流的局部演变引起的垂直风场分量的误差最小。然而，多普勒雷达对天气系统的体扫通常为 5～6min，这是另一个必须考虑的误差源。因此，在分析中需使用相对于单个参考时间的线性时间插值，以便反演三维风场分量的局地时间变化。在进行线性时间插值时，至少要使用两个连续的体扫。

如果组网雷达数为 $P(P>1)$，则代价函数如下(Protat et al.，2001)：

$$J_1=\sum_{n=1}^{N}\left\{\left[\vec{\boldsymbol{V}}_{t_n}-\tilde{\vec{\boldsymbol{V}}}_{t_n}\right]^{\mathrm{T}}\boldsymbol{W}_1\left[\vec{\boldsymbol{V}}_{t_n}-\tilde{\vec{\boldsymbol{V}}}_{t_n}\right]+\sum_{p=1}^{P}\left[\vec{\boldsymbol{V}}_{nB_p}-\tilde{\vec{\boldsymbol{V}}}_{nB_p}\right]^{\mathrm{T}}\boldsymbol{W}_2(p)\left[\vec{\boldsymbol{V}}_{nB_p}-\tilde{\vec{\boldsymbol{V}}}_{nB_p}\right]\right\}+$$
$$\sum_{n=1}^{N-1}\left\{\left[\frac{\partial\boldsymbol{V}_{t_n}}{\partial t}-\frac{\partial\tilde{\boldsymbol{V}}_{t_n}}{\partial t}\right]^{\mathrm{T}}\boldsymbol{W}_3\left[\frac{\partial\boldsymbol{V}_{t_n}}{\partial t}-\frac{\partial\tilde{\boldsymbol{V}}_{t_n}}{\partial t}\right]+\sum_{p=1}^{P}\left[\frac{\partial\boldsymbol{V}_{nB_p}}{\partial t}-\frac{\partial\tilde{\boldsymbol{V}}_{nB_p}}{\partial t}\right]^{\mathrm{T}}\boldsymbol{W}_4(p)\left[\frac{\partial\boldsymbol{V}_{nB_p}}{\partial t}-\frac{\partial\tilde{\boldsymbol{V}}_{nB_p}}{\partial t}\right]\right\}\tag{2.15}$$

其中，$N(N\geqslant 2)$为构建三维风场的时间层数；矢量$\vec{V}_{t_n}$与$\vec{V}_{nB_p}$为雷达径向速递与P部雷达在空间接收的速度；T 代表转置；波浪号表示观察结果；$\boldsymbol{W}_1$、$\boldsymbol{W}_2(p)$、$\boldsymbol{W}_3$及$\boldsymbol{W}_4(p)$为依赖约束强度的加权矩阵。$\boldsymbol{W}_1$、$\boldsymbol{W}_2(p)$、$\boldsymbol{W}_3$及$\boldsymbol{W}_4(p)$被认为是平等的，因此在约束模型中组网雷达也是同等重要的。

为了分析热动力扰动，需要讨论无量纲压力π^*与"虚拟云"的位温扰动$\theta_{\mathrm{c}}^*=\theta_{\mathrm{v}}^*-q_{\mathrm{c}}(\theta_{\mathrm{v}})_0$，其中，$\theta_{\mathrm{v}}$为虚位温，$q_{\mathrm{c}}$为云水混合比，"*"表示基于参考状态"$(\,)_0$"的扰动。

动量方程(Klemp and Wilhelmson，1978)可由下列各式表示：

$$\frac{\partial \pi^*}{\partial x}=-\frac{1}{c_{\mathrm{p}}\theta_{0\mathrm{c}}}\left\{\frac{\mathrm{d}u}{\mathrm{d}t}-fv-K_u\right\}=A \tag{2.16}$$

$$\frac{\partial \pi^*}{\partial y}=-\frac{1}{c_{\mathrm{p}}\theta_{0\mathrm{c}}}\left\{\frac{\mathrm{d}v}{\mathrm{d}t}-fu-K_v\right\}=B \tag{2.17}$$

$$\frac{\mathrm{d}w}{\mathrm{d}t}=c_{\mathrm{p}}\theta_{0\mathrm{c}}\frac{\partial \pi^*}{\partial z}+g\left(\frac{\theta_c^*}{\theta_{0\mathrm{c}}}-q_r\right)+K_w \tag{2.18}$$

其中，u、v、w为三个风场分量；$\mathrm{d}/\mathrm{d}t$为拉格朗日导数；c_{p}为等压时的比热；$\theta_{0\mathrm{c}}$为参考状态的位温；f为科里奥利参数。

对于最小化的代价函数则有：

$$J_2=J_1+\left[\vec{\varepsilon}(2)\right]^{\mathrm{T}}\boldsymbol{W}_5\left[\vec{\varepsilon}(2)\right]+\left[\vec{\varepsilon}(3)\right]^{\mathrm{T}}\boldsymbol{W}_6\left[\vec{\varepsilon}(3)\right]+\left[\vec{\varepsilon}(4)\right]^{\mathrm{T}}\boldsymbol{W}_7\left[\vec{\varepsilon}(4)\right] \tag{2.19}$$

其中，$\vec{\varepsilon}(2)$、$\vec{\varepsilon}(3)$、$\vec{\varepsilon}(4)$均为残差；$\boldsymbol{W}_5$、$\boldsymbol{W}_6$、$\boldsymbol{W}_7$为依赖约束强度的加权矩阵。

在三维风场中辐合速度是需要重点考虑的，因此首先需要反演三维风场和风场分量的时间导数，其次需要反演热动力扰动，最后反演温度扰动。三维风场分量及其时间导数也受三个动量方程的制约。动量方程前两个式子有解的条件如下：

$$\frac{\partial^2 \pi^*}{\partial x \partial y}=\frac{\partial^2 \pi^*}{\partial y \partial x} \tag{2.20}$$

而滞弹性涡度方程可通过动量方程中前两个式子取旋度，并利用其有解的条件得到

$$\frac{\mathrm{d}\zeta}{\mathrm{d}t}=\vec{\boldsymbol{\omega}}_{\mathrm{H}}\cdot\vec{\nabla}_{\mathrm{H}}w-\zeta\vec{\nabla}\cdot\vec{\boldsymbol{v}}_{\mathrm{H}}+f\frac{\partial w}{\partial z}+F_{\mathrm{v}} \tag{2.21}$$

其中，$\vec{\boldsymbol{\omega}}_{\mathrm{H}}$为水平的涡度矢量；$\vec{\boldsymbol{v}}_{\mathrm{H}}=(u,v)$为水平风矢量；$\vec{\nabla}_{\mathrm{H}}$为水平梯度；$F_{\mathrm{v}}=\vec{k}\cdot(\vec{\nabla}\times\vec{F})$为湍流项。

2. 浅雹暴的天气特征及初始结构

以 1997 年 5 月 26 日发生于蒙特利尔岛的浅雹暴为例进行分析(Protat et al.，2001)，该过程发生前 500hPa 存在一个槽，自西向东移动，涡度平流产生强迫抬升，雹暴则产生于最大急流下方。通常对流有效位能(convective available potential energy，CAPE)对于地表的气温与湿度有着较为敏感的响应，雹暴发生时的 CAPE 值为 $800\mathrm{J}\cdot\mathrm{kg}^{-1}$，地面上存在一定的对流抑制因素与相对低的抬升凝结高度，并在 600hPa 的位置上也存在较强的逆温层。

雹暴的三维流场、降水结构(雷达反射率)、水平辐散、涡度，以及气压与温度场的变化是需要深入分析的。在此次过程中，对流线的传播速度为 $4.5\mathrm{m}\cdot\mathrm{s}^{-1}$，为局地多单体雹暴

系统。低层最大的辐合达到$-3\times10^{-3}s^{-1}$，而最大辐散出现在 4.5km，其值为$3.5\times10^{-3}s^{-1}$，这种配置对于雹暴的形成是极为有利的，流场垂直分量的极值在 3.5km 可达到$6m\cdot s^{-1}$。浮力与垂直气压梯度力，以及单体之间的相互作用对于雹暴系统的发展有着重要的作用。

在 2km 的高度存在负的水平气压梯度，气压的变化达到 1hPa/10km；根据 Rotunno 和 Klemp(1982)的线性理论，于每一层的负水平气压梯度会形成横穿上升气流的沿环境风的切变矢量，而 2km 及 3.5km 高度的切变矢量是适于该理论的。2km 存在的 1.2～2.5K 位温的扰动与主上升气流向上的运动相联系，这通常是潜热释放所造成的。在其中一个单体的后方存在略微下降的后部入流，其位温的扰动为-2K，这与一些学者的“后侧下沉气流”(Brandes，1984)是一致的，其可能主要是雹暴与环境的相互作用导致的蒸发冷却或近地面较强的涡度所造成的。3.5km 高度存在 1.4K 的位温扰动，这是与上升气流中潜热释放相关联的。

3. 浅雹暴的时间演变特征

在雹暴的整个演变过程中，动力及热动力过程对于雹暴系统的增强有着重要的作用。首先，在雹暴的增强期存在后向下沉气流，其具有“冷池”的结构，负的温度扰动为-2.5K，并一度发展到-4K。负的气压梯度加速了系统后侧入流的发生，由于中尺度对流系统的加深，于 2km 处涡度达到最大的$5.5\times10^{-3}s^{-1}$。其次，系统前的低层入流先是向上流动，然后不断向右偏转并离开上升气流。这一小的环流沿着南—北轴，且具有较大的水平正涡度。最后，三维流场中主要的变化发生于中上层，其中两个出流会发生相互作用，且在两个单体之间的上升气流会加强，并发展成为对流。

在成熟阶段，最大上升气流速度$6m\cdot s^{-1}$出现于 3.1km 处，气旋性的环流与系统后侧的入流相联系。降水与流场表明，上升气流可维持系统悬垂的云砧，但是最大的上升运动出现在云砧的左侧。降雹处的上升运动不足以阻止冰雹的下落，因此冰雹的下落也有一定的被迟滞的现象。在上升气流中存在正温度扰动，这与气流上升时的潜热释放是相关联的，而在上升气流中还有较小的负气压梯度力(方向向下)与之对应，该阶段上升气流主要是由浮力驱动的。由于超级单体雹暴通常在低层是由强垂直气压梯度力(而非浮力)所驱动的，因此也证明该过程为普通的雹暴系统，而非超级单体雹暴。系统后侧的入流会因负的水平气压梯度力于 2km 高度被加速，并因此进入上升气流。入流与向下的气压梯度相关联，而高层上升气流东侧出流则与负浮力(其中的温度扰动为-3K)和向上垂直气压梯度力相关联。值得注意的是，在雹暴中，各时间段与空间内浮力和垂直气压梯度力是相反的。气压梯度与浮力的这种关系源于气压与温度扰动的静力平衡(Klemp and Rotunno，1983)。

雹暴的加强发生在气旋性环流在主上升气流中的发展阶段，这与以持续旋转上升气流为特征的超级单体雹暴是类似的。通常可以利用涡度ζ与垂直速度w的相关关系$\overline{w'\zeta'}(\sigma_w\sigma_\zeta)^{-1}$作为超级单体的指示因子(其中，$\sigma_w$与$\sigma_\zeta$分别为$w$与$\zeta$的标准差，表示与水平平均值的偏差；$w'$、$\zeta'$分别为$w$、$\zeta$的脉动值)，旨在定量地表示上升气流旋转的程度。

在浅雹暴个例中，在 2～3km 的高度处该相关系数可达到最大的 0.7，而于 1m 的高度该相关系数减小最快，其主要与最低层的小涡度相关联，这与中纬度地区低层可孕育龙卷的峰值相关系数的超级单体是完全不同的。当降雹开始时，w与ζ均在量级上开始减小。

浅雹暴在加强期仍然存在较为明显的旋转性上升气流。

尽管浅雹暴在发展的过程中存在一些超级单体的边缘特征，但是其主要特征与超级单体仍然有较大的偏差，特别是该雹暴系统中的上升气流并不稳定，并表现出位置与强度的扰动。降水结构有一个向前延伸的悬垂体，但并没有形成如同超级单体的明显的穹窿结构。其核心区边缘的切向速度可达到 $6\sim7\text{m}\cdot\text{s}^{-1}$，峰值涡度可达到 $4\times10^{-3}\sim5\times10^{-3}\text{s}^{-1}$，沿中气旋的水平切变约为 $1\times10^{-3}\text{s}^{-1}$，这些与超级单体相比较有着较大的差异(超级单体对应的相应值分别为 $25\text{m}\cdot\text{s}^{-1}$、$1\times10^{-2}\text{s}^{-1}$、$5\times10^{-3}\text{s}^{-1}$ (Brown，1992)。浅雹暴是超级单体与多单体雹暴之间的一种类型。

4. 涡度分析

在该浅雹暴过程中自低层至中层有一定的旋转特征，但是在最低层旋转特征并不明显。由研究可知，涡度主要是源于环境风切变中低空水平涡度的倾斜(Rotunno，1981)。水平涡度由上升气流速度的水平梯度强迫倾斜进入垂直方向，其大小随高度的增加而增大，并一直可增大至最大上升气流速度的高度。大气中涡流的拉伸将放大低层的涡度，但并不会从根本上改变其空间分布。在雹暴发生过程的后半段，由于上升气流的持续，系统中气旋性旋转减弱。而反气旋性旋转也在雹暴的后侧产生，并与系统后侧下沉气流的加强相联系(Rotunno and Klemp，1982)。

这些结果可通过涡度方程在布辛尼斯克(Boussinesq)近似的条件下获得。在涡度方程中，$\vec{\omega}_{\text{H}}\cdot\vec{\nabla}_{\text{H}}w$ 为倾斜项，指的是水平涡管向上倾斜对涡度的贡献；而 $-\zeta\vec{\nabla}\cdot\vec{v}_{\text{H}}$ 为拉伸项，其可通过涡管的垂直拉伸改变涡度；$f\dfrac{\partial w}{\partial z}$ 与 F_{v} 分别为科氏力及湍流项，涡度方程中的这两项远小于倾斜项与拉伸项。

在浅雹暴过程中，正涡度在两个单体中的单体 2 沿着最大反射率轴增加，并增加至 2km 的 $2.8\times10^{-3}\text{s}^{-1}$，当单体 2 达到最强盛时单体 1 已开始衰减，而单体 2 中气旋性特征进一步增强，并最终到达 2km 处的最大值 $4.5\times10^{-3}\text{s}^{-1}$，而此时负涡度也在单体 1 中开始发展。上升气流的演变与涡度的演变密切相关(正如涡度方程中给出的)，其主要依赖垂直速度 w 的水平梯度。

上升气流的西侧，负涡度明显加强，这是后侧的下沉气流所造成的。Rotunno 和 Klemp (1982)根据线性理论认为在上升气流后侧负涡度的产生是由与 w 正水平梯度相关联的涡管的倾斜所造成，地面下沉气流的传播可产生低层的入流及出流分量，其中入流具有气旋性曲率特征，而出流则具有反气旋曲率特征，这进一步说明后侧下沉气流对于低层涡度的产生有着明显的贡献。涡度的时间变化水平分布与涡度方程倾斜项的水平分布是类似的，这表明水平涡度向上的倾斜是涡度产生的主导因子。涡度拉伸与倾斜项对于单体 2 气旋环流的产生贡献明显。涡度的拉伸对于上升气流中涡度的增加有着明显的贡献，同时增强的上升气流中存在 w 的正垂直梯度，而在最大涡度出现之前系统的倾斜对于涡度增加的贡献显著。然而，拉伸项并没有改变该浅雹暴涡度的空间分布特征，单体 2 旋转加强与单体 1 旋转减弱主要源于水平定向涡管的倾斜。

在雹暴的发展过程中，正涡度提前于其最大值出现的时间并不多。在上升气流于 1.6km

高度占主导地位之前，涡度的倾斜项与涡度的增加密切相关。系统的倾斜过程促使其在雹暴后部低层产生了负涡度，同时后侧下沉气流得以加强。

利用多普勒雷达分析浅雹暴(深度小于 5km)的三维反演风场及热动力扰动特征，该雹暴系统主要由两个浅对流单体组成，其主要呈西南—东北向分布，并由东北向西南传输。由初始的动力及热动力场分析可知，单体 2 在开始阶段具有较强的高层辐散特征。当第一个单体开始消散时，冷性向下的入流开始发展，其具有一般雹暴后侧下沉气流的特征；后侧下沉气流具有冷池的结构，其温度与主体部分相较而言存在-4K 的差值。下沉气流的加强可清晰地指示消散单体与发展单体相互作用。单体 1 后侧下沉气流的传播可显著加强单体 2 的低层辐合，进而加强了单体 2 中上升气流及中气旋的发展。单体 2 高层的出流截断了单体 1 高层的辐散，从而单体 1 上升气流得以发展。单体 2 上升气流的发展激发了系统悬垂体的形成，并由此产生了降雹。在冰雹降落至地面 5min 之后，雹暴系统产生了低层的出流，并向雹暴系统的后方后部传播，传播至阵风锋面，从而加强了低层辐合的低层入流。这种低层后侧入流的加速会在系统前方截住入流进入上升气流，并使得单体 2 进入消散阶段。这种现象在飑线中也能观测到，其中的阵风锋会阻挡入流，进而使得系统中的主上升气流出现水平倾斜并减弱。

垂直速度与涡度的统计相关表明，在雹暴系统的成熟阶段，自低层至中层的旋转上升气流与中气旋的发展密切相关。与单体 2 相关联的正涡度起初主要存在于低层，然后在其成熟阶段向垂直方向扩展至 2km 的高度处。与此同时消散的单体 1 则与发展的负涡度相关联。在上升气流的后侧，下沉气流的加强可指示两个单体间的相互作用，与此同时在系统后侧有负涡度形成。雹暴系统的物理过程可利用涡度方程对其自低层至中层的旋转特征进行分析。两个单体涡度的时间异常变化主要体现于水平涡度的倾斜。浅雹暴垂直结构与浅超级单体是较为接近的，但是其降水场结构与超级单体则有明显的不同，其不具有超级单体的穹窿结构、稳定的上升气流，以及以垂直气压梯度为主所驱动形成的主上升气流。尽管该浅雹暴的上升气流具有类似超级单体的旋转结构，但其并非超级单体，而属于兼具多种特征的雹暴，主要特征介于超级单体与多单体雹暴之间，在某些方面与超级单体具有相似的特性，但其上升气流速度具有一定的脉动及与多单体类似的不稳定。

2.1.5 雹暴的基本微物理特征

雹暴有着复杂的微物理特征，特别是对雹暴中冰雹的形成与演变而言，对其基本微物理特征的认识经历了很长的一段时间。通常而言，雹暴中冰雹的增长不仅需要强上升气流，而且还要有超高的过冷水含量的配合。Pflaum 等(1978)认为冰雹增长的动力悬浮作用需与循环的微物理过程相配合，由于冰雹在增长过程中其低密度凇附与湿增长过程交替出现，冰雹的下落也会出现较大的波动。

在传统冰雹形成的概念模型中，冰雹的增长先是在云中发生了低密度干增长的过程(冰雹具有高密度的结构，密度 $\rho \approx 0.9\mathrm{g \cdot cm^{-3}}$)，随后冰雹的下落末速度减小，其被雹暴主上升气流带到更高处，进而发生湿增长过程(冰雹为多孔疏松的结构)，接着发生的冻结使得降落至地面的冰雹具有密实的质地。冰雹不同的循环增长特征是各类流体动力过程所造成的，在这样的增长过程中，冰雹的运动速度会发生很大的变化。

Dye 等(1974)认为在对流系统中霰粒子在降水及降雹的形成过程中都起着重要的作用。冰雹通过微物理循环过程形成，其中包括低密度冰相粒子的产生，随后与过冷水的作用及冻结变硬，最终形成质地坚硬的冰雹。

1. 凇附增长冰雹的下落速度

冰雹的下落速度可表示为(Pflaum，1980)

$$V_t = \left(\frac{2g^*}{\rho_a C_D}\right)^{1/2} \left(\frac{M}{A}\right)^{1/2} \tag{2.22}$$

其中，$g^* = g\left[1-\left(\rho_a / \rho_p\right)\right]$，$g$ 为重力加速度，ρ_a 为空气密度，ρ_p 为冰雹的体积密度；C_D 为拖拽系数；M 为冰雹质量；A 为冰雹的横截面积。

作用于冰雹上的拖拽力为

$$D = Mg^* = \frac{1}{2} C_D A \rho_a V_t^2 \tag{2.23}$$

若起初冰雹为连续的低密度增长，则有：

$$V_t = \left(\frac{2g^*}{\rho_a C_D}\right)^{1/2} \left(\rho_p R\right)^{1/2} \tag{2.24}$$

其中，R 为雹粒子的半径。

对于球体雷诺数 N_{Re} 而言，其取值范围是$10^3 \leqslant N_{Re} \leqslant 10^5$，$C_D$ 为常数，N_{Re} 可以表示为

$$N_{Re} = 2RV_t\rho_a / \eta_a \tag{2.25}$$

其中，η_a 为空气的动力黏度。

假设冰雹为球形粒子，并限制该分析于固定的高度，冰雹在所有尺度上的V_t会随着冰雹密度的减小而减小；当决定拖拽力的冰雹截面积增加得比其质量快时，冰雹的下落速度亦会减小。在冰雹的增长过程中，冰雹质量的增长速度比其截面积的增长速度更快，因此其下落速度会随着尺度的增加而增加。当冰雹的下落速度降低时，云滴对其的影响与冰雹获取液水的速率也都会降低。Macklin(1962)给出了如下的冰雹密度的经验公式：

$$\rho = 0.11\left(-\frac{rV_0}{T_s}\right)^{0.76} \tag{2.26}$$

其中，r 为云滴平均体积半径(单位为μm)；V_0为云滴的影响速度(单位为 $m \cdot s^{-1}$)；T_s 为冰雹的表面温度(℃)。

2. 冰雹的低密度凇附增长

当冰雹的半径超过 0.5cm 时，若继续增长，密度会接近 $0.9g \cdot cm^{-3}$。Dye 和 Breed(1979)在世界上雹暴发生频率较高的非洲肯尼亚积云中观测到的云滴半径为4～6μm 。Smith 等(1976)观测到 T-28 穿过有冰雹的积云区时的含水量为 $1\sim2g \cdot m^{-3}$，这与 Browning 等(1963)的研究结果(15μm 的云滴半径及 $6\sim8g \cdot m^{-3}$)有一定的差异。冰雹在增长阶段经历了低密度凇附增长，其具体可能是低密度($\rho \leqslant 0.5g \cdot cm^{-3}$)水物质在质密冰雹($\rho = 0.9g \cdot cm^{-3}$)上的增

长。在冰雹的高雷诺数状态下，大气中的黏滞力与惯性力相比较是可以忽略的。低密度凇附增长过程属于冰雹增长的过渡阶段。已有研究表明(Macklin et al.，1960)，降落于地面冰雹的密度介于 $0.87\sim0.92\mathrm{g\cdot m^{-3}}$。如果冰雹低密度增长发生在其形成阶段，其在降落至地面之前必然会转变为高密度粒子。

冰雹密度是关于云环境及冰雹尺度的函数。假设从增长冰雹至环境空气的热传输足以使得增加的水物质冻结，这一过程便可以被称为冰雹干增长过程。但有时在相对较短的时间内会增加大量的液滴，这会使得从冰雹至空气的因冻结而释放的潜热传输不充分，这种因热量传输受限使得冰雹收集的部分液水没有被冻结的过程则被称为冰雹湿增长过程(Ludlam，1950)。通常而言，过多的液水有助于冰雹主体结构的形成。

在固相冰表面的湿增长，液水的存留比例仅为 15%左右，然而当在先前凇附多孔的表面继续湿增长时，过多的液水能够填充凇附层中的空隙。液水填充是通过类似于海绵吸附的作用完成的，液水被毛细管抽吸到凇附所致的孔中。通过这一过程产生的冰雹层，在其形成后包含大量的液水，而其中绝大部分的液水在到达地面之前便被冻结，这使得降落至地面冰雹的含水量一般不会超过 15%。冰雹自增长高度降落至零度湿球等温线通常需要数分钟，在冰雹的降落过程中时间平均环境温度约为-20℃，冰雹降落经过空气中的无液水，并可达到相对于冰面的饱和。经过连续低密度增长的冰雹，与液水相互作用，其中包含大量冻结的过冷水，经过反复的低密度增长过程后，冰雹的下落速度会不断加快。

在理想的理论分析中，冰雹通常被认为是球形的，而在现实中并非如此。为了更加接近真实状态，偏离球形的冰雹被认为是椭球形的，特别是对于大冰雹而言更是如此，其拖拽系数比球形的明显要大，因而其下落速度会相对较小。较低的下落速度意味着与云滴的碰撞速度会较低，冰雹获取液水的效率也会较低，且将降低冰雹的表面温度。一方面，椭球体的冰雹表面积得以增加，因此其向环境的热传输率也会较大，这种增长过程更趋近于干增长过程。另一方面，椭球体横截面积的增加会使冰雹液水的获取率得以增加，而降低的冰雹下落速度会减弱冰雹的通风效应，因此也会降低冰雹的热传输率，这些又会使得冰雹的增长趋向于湿增长过程。由于实际冰雹表面并不光滑，其收集小云滴的效率会比理想的球形状态小很多，在云中富集小云滴的区域，这会使冰雹更趋向于干增长过程。Bailey 和 Macklin(1968)的实验表明，不光滑的大冰雹表面的裂瓣会增加冰雹的热传输率。在云中的大液滴区域湿增长不可避免，增加的热传输率会使冰雹中的所有液水冻结。将冰雹假设为具有光滑表面的球体并不会否定冰雹的形成机制。在真实的冰雹增长过程中，冰雹的低密度凇附增长与海绵状冰雹层冻结会同时存在。冰雹增长时的运动轨迹会影响其对其他水成物粒子的收集效率及热传输率，但是这方面的研究仍然较少。此外，强雹暴中具有强烈的起电放电过程，而冰雹所受的电场力会影响其下落速度与收集其他水成物粒子的效率。冰雹表面粗糙度、扁率、翻滚或电场力对于冰雹质量与云滴尺度都有重要的影响。冰雹的微物理循环的动力特征则在于冰雹形成所需的上升气流速度。冰雹在增长过程中不仅需考虑其动力特征，同时也需要考虑其上升气流的量级与所涉及的范围。分析冰雹增长的方程可知，相较于高密度凇附增长，低密度凇附增长至同样尺度将耗费更长的时间，在多数情况下这种时间差异不会超过 25%，但极端情况下会达到 50%，上升气流的减弱会使冰雹增长耗费更长的时间。

3. 由微物理循环过程形成的冰雹

常见的强雹暴过程主要包括多单体雹暴与超级单体雹暴。在多单体雹暴中，冰雹的增长主要发生于上升气流的加强时段。在系统的早期阶段，发展的小单体中上升气流较弱，且液水含量较低，这样的条件更有利于低密度霰粒子的增长。该增长过程会继续，其会进入雹暴关键的成熟阶段(即绝热上升气流且具有高液水含量，在这样的上升气流中低密度冰雹经历了湿增长，液水会快速填充其中的空隙)，然后进入降雹阶段，从而使得霰粒子增长为雹粒子，并极速降落至地面。在一些雹暴中，冰雹被湍流由一个单体传输至另一个单体，其中低密度凇附与湿增长会交替出现。在超级单体中，冰雹的形成可能率先经历了“胚胎帘”中雹胚的生长，进而雹胚进入主上升气流中的过程。在“胚胎帘”中，霰粒子会进一步低密度增长至冰雹尺度的粒子，进入主上升气流后，这些低密度粒子穿过弱回波穹窿边缘，暴露于绝热的高液水含量中，并使其进入湿增长阶段。无论这种湿增长继续与否，其增长过程都有赖于绝热的含水量及穹窿顶部的温度。增长冰雹的表面温度可能会降低至0℃以下，并产生高密度干增长的外层，同时使得冰雹捕获的液水冻结。通常在大多数情况下，冰雹内部的液水于雹暴穹窿边缘在最终下落过程中都将冻结。在这一过程中冰雹也会经历湿增长，有可能从主上升气流中移出，并进入“胚胎帘”。若这些过程真实发生，冰雹增长会经历低密度凇附与湿增长的循环过程。冰雹增长的理论主要是通过雹暴的个例研究获得的，雹暴的成雹机制复杂，目前已形成了多种成雹理论。

雹暴中水平速度分量会使冰雹穿过雹暴，并经历不同的增长环境。在最强的上升气流中，液水含量接近绝热值，云滴较大(可达到10～15μm)，这些云滴通过碰并过程后尺度可增长至毫米量级，这样的环境更适于冰雹的湿增长。在云滴增长缓慢的环境中，会发生高密度的干增长。在雹云的弱上升气流或下沉气流中，液水含量较低，且云滴较小(半径小于10μm)，该条件可满足低密度凇附增长。在冰雹的低密度增长、湿增长及可能的高密度干增长中，小尺度动力与微物理过程在不断转换，最终形成了冰雹的分层结构。雹暴的动力结构是其发展的主要驱动力，而冰雹增长过程中的流场结构对其持续悬浮有着重要的贡献。当上升气流强度最弱时，云的微物理特征最有利于冰雹的低密度凇附增长，而此时水成物粒子的下落速度也是相对较小的。只有当冰雹的重力作用比其在雹暴系统中的动力和微物理的作用更强时，冰雹才会降落至地面。

4. 对于防雹的启示

研究冰雹的最终目的是发展有效的人工防雹技术，与此同时并不减少降水。人们对于冰雹形成过程的了解是非常有限的，但是一直以来人工防雹实验及商业的防雹工作都在持续开展。在这些研究过程中，一直存在着相互矛盾的结论。所有的结论都涉及雹云不同区域过冷水与冰相粒子之间的转换，以及对冰雹增长的迟滞效应。由于冰雹增长中存在微物理循环过程，因此不难想象如何利用冰核进行云催化以达到延长冰雹增长的目的。若催化可降低云中某个区域的液水含量，将使冰雹的低密度凇附增长时间延长，最终产生更大的冰雹；相反，如果可以消除或明显减小冰雹低密度凇附增长的区域，便可以达到冰雹早期降落的目的。

Browning 和 Foote(1976)认为雹暴中的弱回波区域或穹窿可指示低效的云水向降水粒子的转化，正是这一低效的区域有利于雹暴中冰雹的低密度凇附增长，而云中由云滴转化为雨滴的过程是自然抑制冰雹的机制。有鉴于此，防雹机制应当通过在雹胚生成及发展区域促进云中云滴的碰并，以达到抑制云中冰雹生长的目的。因此对于防雹而言，可以于适当的时机在雹云中适当位置引入吸湿性的核或直接引入液滴。如果此方法确实可行，催化作业可以改变云滴谱，从而形成较大的液滴，以减小低密度凇附增长的可能性。当“朗缪尔(Langmuir)链式反应”过程持续发展时，降水会降低上升气流的强度，从而可使降水更早发生，进而减少冰雹发生的概率。此外值得注意的是，在雹云中由碰并激发的降水效率会明显增加。Ludlam(1958)认为在雹云底进行吸湿性的催化可以代替碘化银的催化以达到消雹的目的。因此，吸湿性催化对于消雹及增加降水都是有益的。在雹暴系统中冰雹的生长存在明显的微物理循环过程，该机制降低了冰雹在弱上升气流中高密度与低密度生长的动力条件，而强上升气流主要的作用是产生较为彻底的湿增长(疏松的冰冻结后密度增加)。

2.1.6　雹暴的基本雷电活动特征

雷电活动也是强对流天气过程中的主要天气现象之一，因此雷电频数也被用于识别强对流系统中的上升气流，这通常是此类天气发生的主要驱动力，关于雷电活动跃增与强对流天气之间的关系已有很多研究涉及(Liu and Heckman，2010)。Schultz 等(2017)发现雷电活动的跃增可用于预警风暴中强降雹的发生。Farnell 等(2018)则进一步指出雷电活动的跃增可以最多提前 55min 指示强降雹的出现。

1. 雹暴系统中的电活动

在雹暴的发生发展过程中，动力、热力、微物理及雷电活动过程都十分明显。通过已有的研究可知，在一些雹暴过程中，雷电活动会先于其他灾害性天气现象出现，这可能是在冰雹湿增长的区域中，水膜霰粒子和冰晶之间的弹性碰撞次数减少而导致的(Emersic et al.，2011)。同时研究也发现雷电活动与上升气流强度、上升气流体积、霰粒子质量高度相关(Deierling and Petersen，2008)，因此雷电活动可以用来预测雹暴的强度，并确定雹暴的发展、成熟及消散的各过程。此外通过对雹暴中雷电活动的深入研究还可解决雷电探测信息是否可以用于雹暴的监测及预警等问题。

霰粒子及冰雹的质量浓度($g \cdot m^{-3}$) M_g与M_h 可以利用雷达反射率 $Z(mm^6 \cdot m^{-3})$进行估算(Heymsfield and Miller，1988)，具体如下：

$$M_g = 0.0052Z^{0.5} \tag{2.27}$$

$$M_h = 0.000044Z^{0.71} \tag{2.28}$$

式(2.27)、式(2.28)是通过飞机在美国蒙大拿州东部山区的单体雹暴及超级单体雹暴中测量上升气流中冰相粒子谱($0.0125 \leqslant d \leqslant 40mm$)得到的，这些反射率与质量的关系已被广泛应用于单体、多单体及超级单体雹暴中(Deierling and Petersen，2008)。虽然这些反演公式在反演霰粒子及冰雹质量时存在一定的绝对误差，但是其对于分析这些粒子质量的相对变化还是具有优势的。

雷电由可提供三维资料的 LMA(lightning mapping array)软件监测，其对于甚高频(60MHz)的信号是十分敏感的。雷电辐射源的位置(x,y,z)与时间(t)可通过“时差法”由地面多个监测系统的子站位置(x_i, y_i, z_i)及监测的辐射到达子站的时间(t_i)反演获得。具体反演的公式如下：

$$t_i = t + \sqrt{\frac{(x-x_i)^2 + (y-y_i)^2 + (z-z_i)^2}{c}} \tag{2.29}$$

其中，c 为高频辐射传播的速度。辐射源径向与垂直位置的误差分别为$(r/D)^2$及$(z/D)^2$；r 为观测子站距离雷电辐射源的径向距离；z 为辐射源距离地面的高度；D 为 LMA 的站网范围。

利用雷达观测资料可以估算冰雹的累积量(Kalina et al.，2016)：

$$hA_{\text{cc}} = \frac{v}{\eta\rho_{\text{h}}}\sum_{t=t_0}^{t_c}\Delta t_t M_{h,t} \tag{2.30}$$

其中，$M_{h,t}$ 为由雷达最低层的观测确定的冰雹质量浓度$(\text{kg}\cdot\text{m}^{-3})$；$\Delta t$ 为两次连续雷达的体扫时间间隔(s)；v 为冰雹的下落速度$(\text{cm}\cdot\text{s}^{-1})$；$\rho_{\text{h}}$ 为冰雹的体密度$(\text{kg}\cdot\text{m}^{-3})$；$\eta$ 为冰雹降落至地面上的冰的空间占比(直径为 20mm 的冰雹，$\rho_{\text{h}}=900\text{kg}\cdot\text{m}^{-3}$，$\eta=0.64$，$v=1500\text{cm}\cdot\text{s}^{-1}$)(Pruppacher and Klett，1997)；t_0 为雹暴的形成时间，t_{c} 为当前时间。

在观测中获取的三维总闪资料可以用来判定降雹的形成特征，通过分析雷电频数与雹暴总霰粒子质量的时间变化序列，雹暴总闪频数的变化范围为 25～260 次/min。由观测可知，降雹多发生在雷电活动加剧及闪电频数开始增加的时段。特别是在一些过程中，闪电频数的增加尤为明显。闪电频数的增加可能会先于冰雹累积出现，同时会伴随雹暴总霰粒子质量的增加。闪电频数与总霰粒子质量高度相关，其相关系数介于 0.77～0.83(Kalina et al.，2016)。此外霰粒子质量与最大的闪电区域的相关性也较好(相关系数介于 0.64～0.74)，但是这种相关对于不同类型的雹暴而言有较大的差异。雷电辐射源峰值与霰粒子总质量峰值有着很好的一致性。研究也表明，霰粒子质量与雷电活动增加均是沿着雹暴的移动轨迹发生的。

当雹暴系统中霰粒子与冰晶发生弹性碰撞时，便可以在其中观测到起电活动(Saunders et al.，2006)。雹暴的最大回波顶高度与最大反射率形成时，霰粒子增加得尤为明显。由于有额外的霰粒子生成，这些最大值也表明强上升气流可为霰和冰雹的形成提供支持，进而可导致闪电频数的增加。通常预报人员很难直接计算霰粒子质量，而 40dBZ 回波等值线所围的面积(基本在-10℃层高度)与霰粒子所在区域较为接近，因此其也可以作为一个替代值，以指示霰粒子的变化。-10℃层高度 40dBZ 回波等值线可以较好地指示闪电的发生(Vincent et al.，2003)。对于预报员而言，利用-10℃层高度 40dBZ 回波等值线所围的面积或总闪频数可间接估算霰粒子质量及雹暴的上升气流强度，进而进行降雹的预报。在闪电频数随时间增加的同时，霰粒子质量及 50dBZ 回波顶高也会呈现出增加的趋势。已有研究表明，闪电频数在降雹出现后的数十分钟才会出现。雹暴在消散期霰粒子与冰晶的弹性碰撞次数增加，从而形成彼此相邻的反极性口袋电荷区域，以此可解释闪电频数的增加。

雹暴中的基本雷电活动与其中的电荷起电机制密切相关。

2. 雹暴电荷结构产生的可能机制

在全球范围内雹暴的雷电活动对于维持地球表面弱负电荷及相应大气中的正电荷分布有着重要的作用。通常而言，地闪主要是从云中负电荷区域将负电荷输送到地面，并在雹云下方强电场区域通过尖端放电释放正离子。全球平均晴天大气电场强度在地面处约为 $120V \cdot m^{-1}$，并在电离层导电区域降低为零。Wilson(1916)认为雹暴内为偶极性电荷，且正电荷区域位于负电荷区域的上方，正是云内的放电改变了地面的电场强度。此后 Krehbiel 等(1979)及 Stolzenburg 等(1998)对雹暴电荷的分布进行了进一步的研究。目前普遍认为，雹暴中偶极性电荷结构是由相反极性电荷的分离所造成的。雹云中带有电荷较大的粒子在重力的作用下向下运动，而带有相反极性较小的粒子被向上传输，进而形成了云中较为稳定的电荷结构。

3. 水成物粒子的起电机制

1) 液滴的破碎起电

Lenard(1892)认为液滴破碎可使其荷电，其中较大的液滴可能会荷有正电荷，而较小的液滴荷有负电荷。Blanchard(1963)观测发现海水溅沫的气泡破碎会释放出带有正电荷的液滴，这些带有电荷的液滴会被局地气流输送到云中。由于液滴的表面张力很大，因此破碎的液滴即使在湍流非常明显的云中也不多见，液滴的破碎通常只能发生在粒子碰撞时，这可能导致电荷的明显分离。

2) 电离起电

宇宙射线或地壳中的放射性物质可使大气中气体原子失去或者获得电子，从而“电离”使其荷电。陆地上方自由大气每秒钟每立方厘米可产生约 11 对离子。在雹暴强电场区域的云下通过尖端物体的冠状放电也可以产生正离子。地闪发生时，主要将负电荷输送至地面，同时也向云中输送了大量的正离子，而这些离子为云中后续的起电提供了条件。Wilson(1929)认为存在“离子捕获”的起电机制：首先，云粒子在已有的晴天大气电场中被极化，使得其下半部分带有正电荷，而在其上半部分带有等量的负电荷，粒子整体极性呈现为中性；其次，当这种粒子下落时，其下半部分会吸引并捕获负离子，从而成为净的带有负电荷的粒子，但这个过程不可持续，净的带有负电荷的粒子后续会捕获正离子，该机制可使垂直电场强度增加至 $50kV \cdot m^{-1}$。然而这一电场值还不足以使介质击穿，“击穿电场阈值”比该值至少大一个数量级。这种起电机制属于感应起电机制。

3) 对流起电

Wilson(1929)认为存在“对流”起电机制，即雹云中的自然对流可以携带荷电运动。云粒子捕获离子可使云初始起电，该理论事实上是由 Grenet (1947)率先提出的。该理论认为近地面的正离子被吸引进入云中，被云粒子所捕获，并被上升气流输送至云顶，而这些正电荷区域可以吸引负离子至云中，负离子被下落的云粒子捕获，从而加强了云中下部的负电荷中心。在该理论中荷电的粒子主要为小的云粒子及埃根核，并不是降水粒子。Helsdon

等(2002)的数值模拟结果表明，对流起电机制并不能明显地产生电荷或强电场，其对于雹暴而言并不是可行的起电机制。

4)感应起电

感应起电过程主要依赖先前已存在的垂直电场通过感应荷电，荷电粒子碰撞后分离，从而增强了电场强度。由于在晴天状态下，大气带有正电荷，地面带有负电荷，地面存在由大气指向地面的电场。云中相互作用的云粒子具有较高的导电性，因此可以在外界电场的作用下感应产生电荷。由于碰撞的液滴可能会合并，所以在感应起电过程中相互作用的粒子可能是在冰相粒子之间或冰相与液相粒子之间相互作用后发生的。在已有的垂直电场中，小云粒子从大的冰相粒子的下方与其发生弹性碰撞，转移了部分大粒子的电荷上升并绕着大粒子向上运动，而大粒子在重力的作用下带有与小粒子相反极性的电荷向下运动，从而使得已有的电场强度被加强。

当一对较大的液滴发生碰撞时，部分结合在一起，互相摆动，并将感应电荷分离开来，从而可能降低周围的电场。此外，电荷的转移还受制于自然冰的纯度。尽管冰有较高的导电性能有助于其感应起电，但是由于粒子之间相互作用的时间较短，并没有充分的时间完成完全的电荷转移。有鉴于此，在雹暴中冰相粒子之间相互作用的感应起电机制并不是主要的起电机制。

5)Workman-Reynolds 冻结电位起电

当过冷液滴被下落的冰粒子捕获，液滴便会被冻结。Workman 和 Reynolds(1950)测量在冻结过程中冰相与液相界面的电位，并认为在两种粒子相互的碰撞飞溅过程中电荷会通过带电液态水的脱落发生电荷分离。实验室研究表明，冻结电位是两种粒子相互碰撞后时间的函数，且电位形成得很慢，其比冻结的时间要长很多，因此该起电过程在雹暴中也并不明显。

6)接触电位起电

Caranti 等(1985)认为当过冷液滴在冰相粒子上冻结时，便会形成表面的接触电位。表面电荷为负极性，表面电荷为负，负电位可能与具有较大负接触电位的冰相粒子表面的负电荷有关。实验室研究表明，电荷的极性与温度及液水的增加率高度相关。此外通过观测发现冰相粒子表面由水汽扩散会荷正电荷，而凝华形成的冰相粒子在与小冰相粒子碰撞时会荷负电荷。该起电过程也不是主要的起电机制。

7)晶格错位起电

Keith 和 Saunders(1990)认为因冰相粒子碰撞产生的电荷转移与冰晶晶格错位有关，晶格错位将产生正电荷，特别是当冰晶与霰粒子碰撞时这种电荷转移便会发生。他们利用 X 射线的方法分析发现每平方米晶格错位数为5×10^9个，而每米对应电荷量为6×10^{-11}C。晶格错位量主要依赖冰相粒子增长的速率，而冰晶与霰粒子的增长速率与云中的微物理条件相关，二者碰撞便会发生正负电荷的转移。事实上，在冰相粒子中存在受局部电场作用可移动的正负离子，即存在荷电的错位，因此碰撞造成的质量交换会产生晶格错位与电荷交换。

8) 冰相粒子温度梯度起电

Latham 和 Mason(1961)认为粒子间的温差将导致电荷的转移，在粒子之间相互作用时温度较高的粒子将失去正电荷。事实上粒子的增长速率将控制传输电荷的极性，粒子增长速率会受温度及云中局部过饱和度的控制。

9) 融化起电

尽管霰粒子在偶极性雹暴较低的电荷区域中通常荷有负电荷，但是在降水发生时于云的下方测量发现这里的电荷通常为正极性。Drake(1968)认为降水发生时下落的冰相粒子融化产生了带负电荷的液滴，这些液滴会从表面破裂的气泡中喷出。这种电荷的分离与融化冰中杂质含量高度相关，融化液滴荷的正电荷与雹暴中较低的正电荷区域有着直接的联系。在云的下部捕获的正离子对于融化液滴荷电也有一定的贡献。

10) 冰相粒子破碎繁生起电

过冷液滴在较大的冰相粒子表面冻结并破碎将会荷电。在雹云中哈雷特-莫索普(Hallett-Mossop)冰相粒子繁生机制具有重要的作用，特别是在−8～−3℃时尤为如此，该机制涉及下落的冰相粒子、冰晶或霰粒子在过冷液滴相会作用后的增长。在适当的条件下，过冷液水会被冻结，冻结的液滴会形成冰壳，其在冻结时膨胀效应引起的高应力作用下会破碎，冰相粒子断裂成碎片，或通过液体喷出形成一个针状物并迅速冻结。其净效应是通过局部的水汽扩散产生大量小的冰相粒子，从而形成冰晶并与更小的液滴作用继续该繁生过程。Hallett 和 Saunders(1979)认为在繁生过程中断裂的冰相粒子会荷电，因而其对雹暴的起电有一定的贡献；同时指出冰相粒子的主体部分通常荷正电荷，而断裂的荷负电荷，起电荷量为 -10^{-16}C。

11) 碎片效应起电

冰相粒子表面暴露在云环境中，其可以发生水汽扩散增长。在这样的增长条件下，冰相粒子表面可以形成霜，并可从主体脱落，或在与云中其他粒子碰撞时分离。Takahashi(1978)认为冰晶与霰粒子碰撞时会发生破碎及荷电现象。由于液滴与霰粒子的碰撞速度为 10～30m·s^{-1}(这样的速度对于雹暴系统十分高)。Avila 等(2003)的研究指出碰撞可以产生荷电的碎片。冰相粒子的电荷转移与其表面增长及凝华过程密切相关，Findeisen(1940)通过已有实验研究发现增长的冰晶表面会荷有正电荷，而凝华的冰晶表面会荷有负电荷。冰相粒子在云中表面会通过水汽扩散而增长，增长过程中会因为水汽凝结释放的潜热被加热，这些条件在实验室中有时是很难被重现的，但在云中的实际观测中发现真实云与实验环境中水汽扩散增长及凝华增长的荷电极性是完全一致的。

12) 冰晶与霰粒子相互作用时的非感应起电

Reynolds 等(1957)的实验研究表明霰粒子与冰晶在相互作用时会发生电荷转移，通常霰粒子荷负电荷，其与雹云中的负电荷区域相关。上升气流将荷有正电荷的冰晶向上输送，并形成雹暴的偶极性电荷结构的上部电荷区域。Takahashi(1978)研究指出凇附增长的霰粒子可能荷有负电荷或正电荷，其主要取决于云的温度及液水含量。尽管小的冰相粒子在相互作用时产生的电荷量是非常小的，但是随着尺度的增加其所荷的电荷量也会明显增加。在一些云的条件下，淞附增长的冰相粒子表面可能会荷正电荷，而霰粒子表面可能荷负电荷，Jayaratne 等(1983)指出电荷极性为温度及液水含量的函数，霰粒子的电荷极性在特定的含水量条件下在-20℃时会发生电荷极性的反转，而较低的含水量会将反转点移到较高的温度处，这有利于云中霰粒子荷负电荷(图 2.2)。电荷转移的温度可解释霰粒子荷电的极性，这可以解释雹暴偶极电荷结构(Wilson，1929)及三极性电荷结构(Williams，1989)的形成原因。雹暴的三极性电荷结构是通过雹云中较高处较低的温度使霰粒子与冰晶的电荷分离，霰粒子荷负电荷并在重力的作用下向下运动，而荷有正电荷的冰晶则向上运动。在较低高度且温度较高处，霰粒子与冰晶相互作用使得电荷转移发生极性反转，从而形成雹暴中较低的正电荷中心，荷负电荷的冰晶被向上输送，进而加强了雹暴中间的负电荷中心(图 2.3)。雹云底部的正电荷中心有利于较低的负电荷区域地闪的激发。

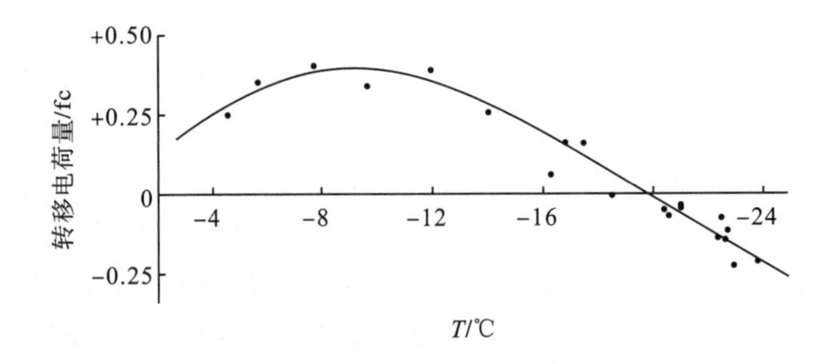

图 2.2 定常含水量条件下霰粒子与冰晶相互作用时电荷转移量与温度的关系(Jayaratne et al.，1983)

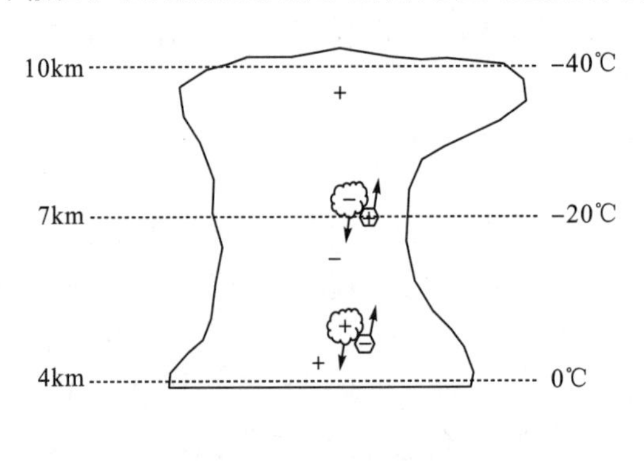

图 2.3 雹暴三极性电荷结构形成示意图

注：霰粒子于高温处荷正电荷，温度反转后于低温处荷负电荷(Williams，1989)。

4. 雹暴中电荷的监测

为了更好地了解雹暴的微物理过程及电活动特征，需要系统地了解其中的电荷转移机制。现阶段对于雹暴中电荷的监测主要是利用遥感及飞机穿云完成的。Krehbiel(1986)在新墨西哥州基于多站的电场变化及云闪特征研究了雹暴的电活动特征，认为雹云中较低的负电荷区域主要出现在 7km 左右的高度，基本上与-15℃层相对应；而较高的正电荷区域与

$8m \cdot s^{-1}$ 的上升气流速度相对应。分析佛罗里达及日本的海上冬季雷暴也得到了类似的结果，特别是负电荷区域与-15℃层相对应。

Dye 等(1986)的飞机穿云观测研究表明，在液相及冰相粒子混合区电场强度的增加较为明显，在强电场区域中冰晶与霰粒子的含量较高。同时发现在雹云中上升气流与下沉气流的交界面起电更为明显。这些研究指出在有过冷水的环境中，冰晶与淞附增长的霰粒子相互作用是电荷转移、电场强度增强、闪电发生的主要原因。

5. 雹暴荷电条件

Mason(1953)通过观测曾给出了云中电荷产生的条件，具体如下：①雹云中电荷起电至少需要 30min；②每次闪电产生的电荷量在 20～30C；③电荷分离发生在 2km 半径范围内的 0～-40℃层；④主要的负电荷区域在-25～-5℃层，其与云物理过程密切相关，而正电荷区域位于负电荷区域之上几公里处，较低的正电荷区域接近 0℃层；⑤雹云中电场的发展与其中软雹降水的发展相关联；⑥在雷达探测到大粒子的 12～20min 时闪电才会发生；⑦荷电机制持续需要有 $5 \sim 30C \cdot km^{-3}$ 的电荷量及 $1C \cdot km^{-3} \cdot min^{-1}$ 的电荷产生率。

6. 雹暴荷电过程的实验室研究

Jayaratne(1981)在英国曼彻斯特大气科学实验室冷云室中开展了模拟云粒子增长及冰相粒子相互作用时电荷转移的实验，特别是重点分析了转移电荷极性与云的温度、霰粒子温度、云水含量、云滴尺度分布、霰粒子中杂质含量、冰晶尺度、碰撞粒子之间的相对速度，以及粒子碰撞后分离的可能性等。在实验室中也证实了粒子扩散增长的速度是由其所在环境的过饱和度确定的。

典型的室内试验是在温度可控的空间设置云室，连续将水蒸气输入云室后凝结成云，小液滴降低至环境温度，在冷云中通过引入低至液氮温度的细导线形成冰晶，冰晶继续淞附增长可形成霰粒子。冰晶与云室中的电极碰撞，如果弹开，便可发生电荷的分离。金属电极通过滑环连接到静电计上，以便测量由晶体电荷转移而产生的总电荷。此外通过设置一个固定的目标，使冰相粒子附着于其表面生长，并通过泵吸走云室中的冷云以模拟下落粒子的生长。实验室研究表明粒子间相互作用产生的电荷转移量级对于雹暴起电是不容忽视的因素。

7. 雹暴荷电机制

Baker 等(1987)认为云中相互作用粒子的相对增长率决定着电荷转移的极性。电荷转移遵循一些基本规律，当冰晶与霰粒子发生弹性碰撞时，水汽扩散增长速率快的冰相粒子表面将荷正电荷。Dash 等(2001)对其理论进行了进一步的拓展，认为快速增长的冰相粒子表面荷较多的负电荷可供转移，因此粒子相互作用后其将荷正电荷；于冰相粒子表面水汽快速凝华，将导致其无序增长，并于气相和晶相界面出现离子缺损；增长速率高的粒子将具有较高的电荷密度，OH^- 被水分子的氢键所“固定”，但正离子能够从表面扩散到大块冰上去，从而形成负的表面电位。两个相互作用的冰相粒子的表面倾向使两个粒子的表面电荷相等，因此快速增长粒子的表面将失去负电荷。碰撞影响将融化两个粒子表面的局部区域，较热的霰粒子比较冷的冰晶融化的质量大。电荷交换发生在融化的液水中，而融化的质量和电荷将于分离的冰相粒子之间共享，因此快速增长的粒子表面在与其他粒子相互作用时失去负电荷而呈正极性。在粒子的相互作用过程中，电荷的均衡发生在微秒的时间尺度上，这比估计的 0.1ms 接触时间要小得多，没有足够的时间让冰相中较深的质子在有限的接触时间内发生进一步的变化。

水成物粒子相互作用时，转移的电荷极性与有效含水量(effective water content，EWC)及温度都有密切的关系。Takahashi(1978)、Saunders 和 Peck(1998)、Pereyra 等(2000)、Saunders 等(2006)通过实验室研究得到了不同的电荷极性反转的边界，详见图 2.4。

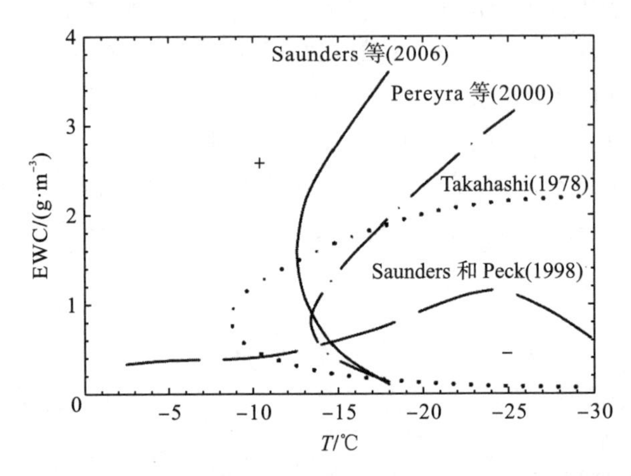

图 2.4 实验室研究得到的冰相粒子相互作用电荷极性边界与有效水含量及温度的关系

假设冰相粒子在过饱和条件下(如在卷云中)增长，遇到上升气流，电荷转移将发生于以不同速率增长的非凇附冰相粒子碰撞期间，增长快的粒子将荷正电荷，这些过程通过实验室研究已被证实，其对于真实的雹暴而言是十分重要的过程。

这些起电机制可行的原因与地球大气层电弛豫时间和粒子的介电特性及物理性质有关，电荷在可用的接触时间内转移，并允许电荷留在粒子上足够长的时间，从而使高电场区域在云层中形成。

2.2 雹暴中动力、微物理及电过程的相互作用

在雹暴观测中，利用双多普勒雷达在两部以上多普勒雷达的共同观测区可以分析雹暴的三维风场，并解析其动力过程。利用双偏振雷达则可以反演雹暴水成物粒子的发展与演变的雹暴微物理过程。通过电磁辐射源定位系统可以分析雹暴中的基本电活动。雹暴的动力、微物理及电活动过程有着复杂的相互作用关系。

1. 研究中涉及的主要算法

基于对不同水成物粒子类型的散射特性理论模拟而得到的模糊逻辑的水成物粒子识别算法可应用于 S 波段与 X 波段双偏振雷达中(Dolan and Rutledge，2009)。通常水成物粒子

识别的类型包括毛毛雨/小雨、雨、聚合物、初始冰晶、低密度霰粒子、高密度霰/小雹，以及垂直排列的冰晶、冰雹。由于冰雹对电磁波存在复杂的非瑞利散射及衰减效应，因此在一些研究中对于冰雹的识别较为谨慎。在实施雹暴中水成物粒子识别后，便可解析雹暴的微物理过程的基本特征。在具体分析中，水成物粒子识别可以被格点化处理，一般格距为0.5～1.0km。

为了更好地反演三维风场，对于同一个雹暴区域同时采用多部雷达进行扫描，而扫描仰角最大需达 31°，以便观测到雹暴顶部(Wang et al.，2008)。水平风场是通过两个或多个径向速度观测值的矢量分解得到的。水平风场矢量的误差可控制在 $1m \cdot s^{-1}$，而垂直速度(w)通常在假设粒子的下落速度与边界条件后通过连续性方程的积分得到。根据已知的边界条件，可以从地表一直积分到回波顶部，或者反过来从顶部一直积分到地表，因为大气分层在从地表积分至回波顶时将产生复合误差。

2. 个例分析

Dolan 和 Rutledge(2010)在研究中就一次生命期近 2.5h 的多单体雹暴进行分析，且最高的反射率已超过 75dBZ。垂直向上的最大速度达到 10km 处的 $7m \cdot s^{-1}$，而垂直向下的最大速度为 10km 以下的 $9m \cdot s^{-1}$，低层与高层的速度都随高度的增加而增加。低层的速度量级为 $2～3m \cdot s^{-1}$，而中层的速度为 $3～7m \cdot s^{-1}$。主要单体的入流在其东北侧(且存在明显的气旋性旋转)，而其出流在南侧。在主要单体中强上升气流中有霰粒子生成，同时伴有起电过程。通过水成物粒子识别算法可知，冰晶的峰值浓度主要出现在 9km 高度，而雨与毛毛雨主要出现在近地面处，聚合物的峰值浓度出现在 4.5km 高度，霰粒子浓度峰值出现在 8km 高度，低密度霰粒子比高密度霰粒子出现的高度更高，强上升气流可以将霰粒子输送到较高处。强上升运动区域与高、低密度霰粒子及融化层以上雨粒子的区域重合(图 2.5)。

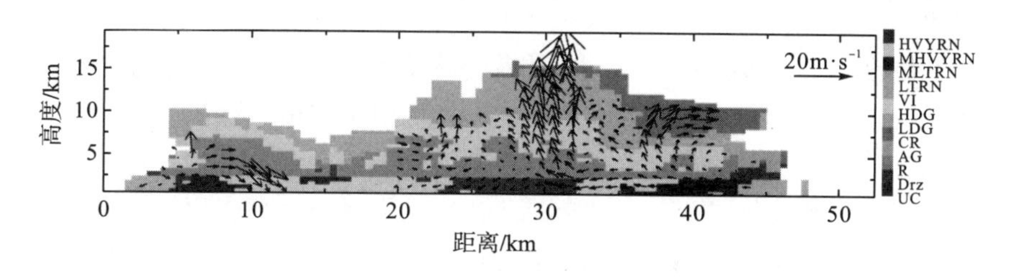

图 2.5　雹暴中水成物粒子与风场之间的关系

注：HVYRN、MHVYRN、MLTRN、LTRN、VI、HDG、LDG、CR、AG、R、Drz、UC 分别为暴雨、大雨、中雨、小雨、垂直排列的冰晶、高密度霰粒子、低密度霰粒子、冰晶、聚合物、过冷水、毛毛雨、未确定类型粒子(Dolan and Rutledge，2010)。

雹暴的电荷结构形成与其中冰相粒子的相互碰撞机制(特别是下落速度不同的霰粒子与冰晶相互作用后的电荷转移)有着密切的关系，电荷的转移量及相应的极性反转与粒子的生长率、液水含量及温度相关(如前所述)。一般偶极性电荷结构中，霰粒子荷负电荷，冰晶荷正电荷。而利用 LMA 对雹暴的电荷结构分析可知，该雹暴系统中层荷有负电荷、高层荷有正电荷、负电荷区域下方存在一个较小的口袋电荷区(图 2.6)，负电荷区域的温度区间为-25～-10℃。在雷电活动期间云闪占了总闪的 92%，云闪共出现了三个峰值，地闪出现的时间滞后于云闪半个小时。系统中霰粒子区域与负电荷区域高度重合，霰粒子浓度最高区域的形成与云闪峰值高度相关，垂直排列冰晶的最大浓度值则与其中的电磁辐射源较高的密度相对应，但云闪在此区域发生的频率并不高。

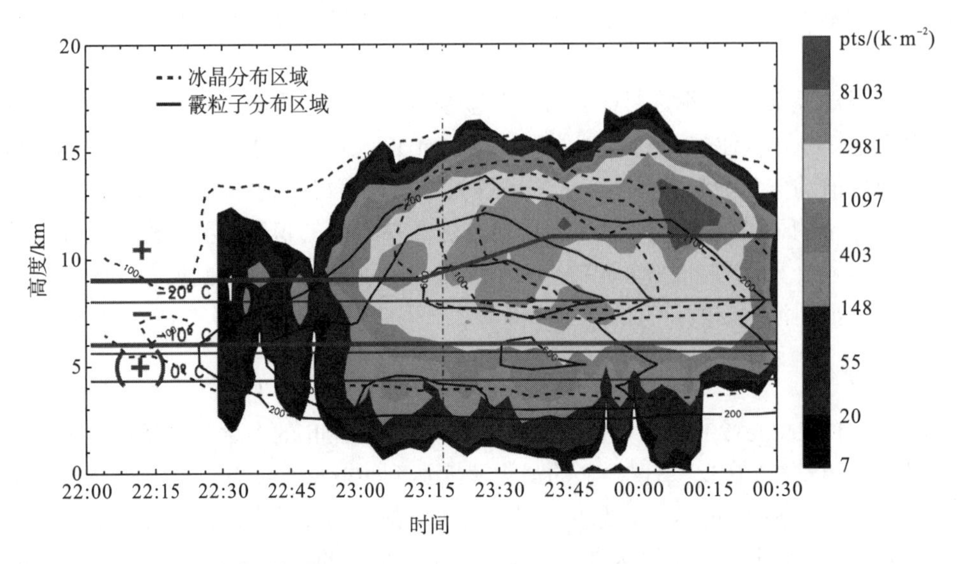

图 2.6 雹暴中三极性电荷结构与冰晶及霰粒子密度分布的时间变化序列

注：pts 为像素点(Dolan and Rutledge，2010)。

2.3 城市化对于雹暴的影响

1. 研究背景

城市化不仅改变了下垫面的特征，而且人类活动可产生大量的气溶胶，这些对于城市区域的天气及气候都能造成明显的影响。影响不仅局限于城市气温的变化，对于雹暴这类强对流天气也有十分显著的作用。城市化对于雹暴的影响主要特点如下。城市下垫面相对于周围的区域而言温度较高，即存在城市热岛作用。雹暴天气可产生于城市热岛的辐合区被下垫面增温与湍流机制激发(Bornstein and Lin，2000)。城市下垫面可影响感热与潜热通量及地表的湿度等，从而使雹暴在城区及下风方区域更多地被激发出来。

城市下垫面还会对于雹暴系统的传播产生一定的影响，Loose 和 Bornstein(1977)研究发现，锋面系统在城区上风方一半的范围内会迟滞，而在下风方一半的区域内会加速，这与城市热岛改变了水平压力梯度相关联。移动的雹暴因城市的屏障效应，在靠近城市时会出现分叉与绕行。此外，城市化的人口增长及工业生产产生的污染气溶胶对雹暴也可产生相应的影响。已有的研究表明，通过气溶胶与云的相互作用，城市气溶胶可以激发城市下游的降水(Fan and Coauthors，2018)；气溶胶的空间变化对于城区的暴雨过程的发生有一定的促进作用(Lee et al.，2018)。气溶胶可激发深对流及降水的发生，其具体物理过程包括两个方面；其一，大量气溶胶的存在会抑制暖云降水过程，增强冷云降水过程，从而增加潜热的释放；其二，由于在暖云阶段大量小液滴形成，液滴总表面积增大，从而使得凝结潜热增强(Lebo，2018)。

已有的观测研究还表明(Kar and Liou，2019)，城市的下垫面特性和气溶胶效应对于城区地闪的增加有一定的贡献。进一步的模式研究表明下垫面的改变会将增加上游区域的降水，但会减少下游的降水。然而城市中的气溶胶效应的个例研究与长时间段模拟研究的结果却有较大的差异(Zhong and Coauthors，2017)。Schmid 和 Niyogi(2017)的研究表明，城市下垫面的非均一性造成的动力抬升与气溶胶的间接性效应是导致城市区域降水增加的主要原因。冰雹作为重要的降水形式，城区对其的影响也是十分重要的研究内容。有利于冰雹形成与增长的物理及动力过程是十分复杂的(Cotton and Anthes，1989)，对冰雹的系统研究也是极具挑战的工作。气溶胶与云的相互作用及典型的微物理参数方案在气溶胶对对流强度影响的模拟研究中仍然存在实质性的限制。

2. 典型过程

这类研究多以数值模拟的方式开展，Lin 和 Coauthors(2021)选取 2015 年 7 月 1 日～7 月 2 日发生于堪萨斯城附近的超级单体进行了相应的研究。雷达观测该超级单体有明显的延伸钩状回波及中气旋的特征，该系统进一步发展为中尺度对流系统，最强的反射率达到 56dBZ，并有一个 EF0 级的龙卷发生，冰雹的尺度达到 2.54cm。500hPa 存在一个高空急流，地面对应着有一个静止锋，暖湿空气造成的对流有效位能到达 $3826\mathrm{J\cdot kg^{-1}}$，并形成了明显的气旋性风场。观测设备主要为 WRS-88D 雷达的三维的反射率及雷达反演获得的降水率，其中雷达资料的水平分辨率可达 2km×2km，时间分辨率为 5min。

研究中利用 WRF-Chem(该模式耦合有双参微物理方案，其中包括气溶胶活化、再悬浮、云内的湿清除)可模拟复杂条件下气溶胶辐射及气溶胶与云的相互作用。模拟研究表明，城区下垫面明显影响了雹暴的激发与传播，但气溶胶的影响相对较小；受城区下垫面的影响，通过较强的低层加热与较大范围的城乡陆表梯度，在城区下风方激发出更强的对流单体。城区陆面可引起强辐合，雹暴经过城区时烟柱也会被吸入。受城区陆面及人类活动气溶胶的共同作用，强雹暴产生的概率大约增加了 20%。

2.4　小　　结

随着监测手段的不断发展，人们对于雹暴的各类基本物理特征均有了一定的认识。本章对基于内部直接监测的雹暴基本物理特征、雹暴的基本动力特征、雹暴的基本热动力特征、雹暴的基本微物理特征、雹暴的基本雷电活动特征、雹暴中动力与微物理过程的相互作用、城市化对于雹暴的影响及雹暴产生的冰雹形状进行了介绍，这些有关雹暴的特征主要是通过各类观测设备进行系统而深入的研究得到的。

参 考 文 献

Avila E E，Longo G S，Bürgesser R E，2003. Mechanism for electric charge separation by ejection of charged particles from an ice particle growing by riming[J]. Atmos. Res.，69：99-108.

Bailey I H，Macklin W C，1968. Heat transfer from artificial hailstones. Quart[J]. J. Roy. Meteor. Soc.，94：93-98.

Baker B，Baker M B，Jayaratne E R，et al.，1987. The influence of diffusional growth rates on the charge transfer accompanying rebounding collisions between ice crystals and soft hailstones[J]. Q. J. R. Meteorol. Soc.，113：1193-1215.

Blanchard D C，1963. Progress in Oceanography[M]. Elmsford：Pergamon Press.

Bornstein R，Lin Q ，2000. Urban heat islands and summertime convective thunderstorms in Atlanta： Three case studies[J]. Atmos. Environ.，34：507-516.

Brandes E A，1977. Flow in a severe thunderstorm observed bydual-Doppler radar[J]. Mon. Wea. Rev.，105：113-120.

Brandes E A，1984. Relationships between radar-derived thermodynamic variables and tornadogenesis[J]. Mon. Wea. Rev.，112：1033-1052.

Browning K A，1964. Airflow and precipitation trajectories withinsevere local storms which travel to the right of the winds[J]. J. Atmos. Sci.，21：634-639.

Brown R A，1992. Initiation and evolution of updraft rotation within an incipient supercell storm[J]. J. Amos. Sci.，49：1997-2014.

Browning K A，Donaldson R J，1963. Airflow and structure of a tornadicstorm[J]. J. Atmos. Sci.，20：533-545.

Browning K A，Foote G B，1976. Airflow and hail growth in supercell storms and some implications for hail suppression[J]. Quart. J. Roy. Meteor. Soc.，102：499-533.

Browning K A，Ludlam F H，Macklin W C，1963. The density and structure of hailstones[J]. Quart. J. Roy. Meteor. Soc.，89：75-84.

Brown-Giammanco T，Giammanco I，2018. An overview of the insurance institute for business and home safety's hailresearch program. 29th Conf[J]. on Severe Local Storms，Stowe，VT，Amer. Meteor. Soc.，11：1.

Bryan G H，Morrison H，2012. Sensitivity of a simulated squall line to horizontal resolution and parameterization of microphysics[J]. Mon. Wea. Rev.，140：202-225.

Byers H R，Braham R R，1949. The thunderstorm：report of the thunderstorm project[J]. Weather Bureau Rep.:287.

Caranti J M，Illingworth A J，Marsh S J，1985. The charging of ice by differences in contact potential[J]. J. Geophys. Res.，90：6041-6046.

Chhabra R P，Agarwal L，Sinha N K，1999. Drag on nonspherical particles：An evaluation of available methods[J]. Powder Technol.，101：288-295.

Chisholm A J，1973. Alberta hailstorms. Part I： Radar case studies and airflow models. Alberta hailstorms，meteor[J]. Monogr.，No. 36，Amer. Meteor. Soc.，20：1-36.

Cotton W R, Anthes R A,1989. Storm and Cloud Dynamics[M]. Amsterdam:Elsevier.

Deierling W，Petersen W A，2008. Total lightning activity as an indicator of updraft characteristics[J]. Journal of Geophysical Research D Atmospheres Jgr(d16)：113.

Dolan B，Rutledge S A，2009. A theory-based hydrometeor identification algorithm for X-band polarimetric radars[J]. J. Atmos. Oceanic Technol.，26：2071-2088.

Dolan B，Rutledge S A，2010. Using CASA IP1 to diagnose kinematic and microphysical interactions in a convective storm[J]. Monthly Weather Review，138：1613-1634.

Dash J，Mason B，Wettlaufer J，2001. Theory of charge and mass transfer in ice-ice collisions[J]. Journal of Geophysical Research：Atmospheres，106：20395-20402.

Drake J C，1968. Electrification accompanying the melting of ice particles[J]. Q. J. R. Meteorol. Soc.，94：176-191.

Dye J E，Knight C A，Toutenhoofd V，et al.，1974. The mechanism of precipitation formation in northeastern Colorado cumulus. III：Coordinated microphysical and radar observation and summary[J]. J. Atmos. Sci.，31：2152-2159.

Dye J E，Breed D W，1979. The microstructure of clouds in high frequency hail area of Kenya[J]. J. Appl. Meteor.，18：95-99.

Dye J E，Jones J J，Winn W P，et al.，1986. Early electrification and precipitation development in a small，isolated Montana cumulonimbus[J]. J. Geophys. Res.，91：1231-1247.

Emersi C，Heinselman P L，MacGorman，et al.，2011. Lightning activity in a hail-producing storm observed with phased-array radar[J]. Mothly Weather Review，139：1809-1825.

Fan J R，Coauthors，2018. Substantial convection and precipitation enhancements by ultrafine aerosol particles[J]. Science，359：411-418.

Findeisen W，1940. The formation of the 0℃ isothermal layer and fractocumulus under nimbostructures[J]. Meteor. Zeit. 57：201-215.

Fankhauser J C，Barnes G M，LeMone M A，1992. Structure of a midlatitude squall line formed in strong unidirectional shear[J]. Mon. Wea. Rev.，120：237-260.

Farnell C，Rigo T，Pineda N，2018. Exploring radar and lightning variables associated with the lightning jump. Can we predict the size of the hail?[J]. Atmos. Res.，202：175-186.

Forbes G S，1975. Relationship between tornadoes and hook echoeson April 3，1974. Preprints，Ninth Conf. on Severe Local Storms，Norman，OK，Amer[C]. Meteor. Soc. ：280-285.

Forbes G S，1981. On the reliability of hook echoes as tornado indicators[J]. Mon. Wea. Rev.，109：1457-1466.

Foote G B，Wade C G，1982. Case study of a hailstorm in Colorado. Part I：Radar echo structure and evolution[J]. J. Atmos. Sci.，39：2828-2846.

Fujita T T，1958. Mesoanalysis of the Illinois tornadoes of 9 April 1953[J]. J. Meteor.，15：288-296.

Fujita T T，1973. Proposed mechanism of tornado formation from rotating thunderstorms[C]//Preprints，Eighth Conf. on Severe Local Storms，Denver，CO，Amer. Meteor. Soc.：191-196.

Fujita T T，1975. New evidence from the April 3-4，1974 tornadoes[C]. Meteor. Soc. ：248-255.

Fujita T T，Wakimoto R M，1982. Anticyclonic tornadoes in 1980 and 1981[C]//Preprints，12th Conf. on Severe Local Storms，SanAntonio，TX，Amer. Meteor. Soc. ：213-216.

Fulks J R，1962. On the mechanics of the Tornado[R]. National Severe Storms Project Rep. No. 4，U. S. Weather Bureau.

Giammanco I M，Brown T M，Grant R G，et al.，2015. Evaluating the hardness characteristics of hail through compressive strength measurements[J]. J. Atmos. Oceanic Technol.，32：2100-2113.

Giammanco I M，Maiden B R，Estes H E，et al.，2017. Using 3D laser scanning technology to create digital models of hailstones[J]. Bull. Amer. Meteor. Soc.，98：1341-1347.

Grenet G，1947. Essai d'explication de la charge electrique des nuages d'orages[J]. Ann. Geophys.，3：306-307.

Golden J H，1974. Scale interaction implications for the waterspout life cycle. Part II[J]. J. Appl. Meteor.，13：693-709.

Golden J H，Purcell D，1978. Airflow characteristics around the Union City tornado. Mon. Wea. Rev.，106：22-28.

Hallett J，Saunders C P R，1979. Charge separation associated with secondary ice crystal production[J]. J. Atmos. Sci.，36：2230-2235.

Helsdon Jr. J H，Gattaleeradapan S，Farley R D，et al.，2002. An examination of the convective charging hypothesis：Charge structure，electric fields，and Maxwell currents[J]. J. Geophys. Res.，107：4630.

Heymsfield A J，Musil D J，1982. Case study of a hailstorm in Colorado. Part II：Particle growth processes at mid-levels deduced from in-situ measurements. J. Atmos[J]. Sci.，39：2847-2866.

Heymsfield A J, Miller K M, 1988. Water vapon and ice mass transported into the anvils of CCOPE thunderstorms：Companision with storm influx and rainout[J]. J. Atmos. Sci.，45：3501-3514.

Heymsfield A J，Wright R，2014. Graupel and hail terminalvelocities：Does a "supercritical" reynolds number apply?[J]. J. Atmos. Sci.，71：3392-3403.

Heymsfield A J，Szakáll A M，Jost I A，et al.，2018. A comprehensive observational study of graupel and hail terminalvelocity，mass flux，and kinetic energy[J]. J. Atmos. Sci.，75：3861-3885.

Jayaratne E R，1981. Thesis[D]. Manchester：The University of Manchester.

Jayaratne E R，Saunders C P R，Hallett J，1983. Laboratory studies of the charging of soft-hail during ice crystal interactions. Quart[J]. J. Roy. Meteor. Soc.，109：609-630.

Jiang Z，Kumjian M R，Schrom R S，et al.，2019. Comparisons of electromagnetic scattering properties of real hailstones and spheroids[D]. J. Appl. Meteor. Climatol.，58：93-112.

Kalina E A，Friedrich K，Motta B, et al.,2016. Colorado plowable hailstorms: Synopticweather, radar, and lightning characteristics[J]. Wea. Forecasting, 31: 663-693.

Kar S K，Liou Y A，2019. Remote sensing Influence of land use and land cover change on the formation of local lightning[J]. RemoteSens.，11：407.

Keith W D，Saunders C P R，1990. Further laboratory studies of the charging of graupel during ice crystal interactions[J]. Atmos. Res.，25：445-464.

Klemp J B，Rotunno R，1983. A study of tornadic region within a supercell thunderstorm[J]. J. Atmos. Sci.，40：359-377.

Klemp J B，Wilhelmson R B，1978. The simulation of three dimensional convective storm dynamics[J]. J. Atmos. Sci.，35：1070-1096.

Knight N C，1986. Hailstone shape factor and its relation to radar interpretation of hail[J]. J. Climate Appl. Meteor.，25：1956-1958.

Krehbiel P R，1986. The Electrical Structure of Thunderstorms[M]. Washington D.C.：The Earth's Electrical Environment ，National Academy Press.

Krehbiel P R，Brook M，McCrory R，1979. An analysis of the charge structure of lightning discharges to the ground[J]. J. Geophys. Res. 84：2432-2456.

Kumjian M R，2018. Remote Sensing of Clouds and Precipitation[M]. Andronache：Springer-Verlag：15-63.

Kumjian M R，Coauthors，2020. Gargantuan hail in Argentina. Bull[J]. Amer. Meteor. Soc.，101：E1241-E1258.

Latham J，Mason B J，1961. Generation of electric charge associated with the formation of soft hail in thunderclouds[J]. Proc. Roy. Soc. London，A260：537-549.

Lee S S，Kim B G，Li Z，et al.，2018. Aerosol as a potential factor to control the increasing torrential rain events in urban areas over the last decades[J]. Atmos. Chem. Phys.，18：12531-12550.

Lebo Z，2018. A numerical investigation of the potential effects of aerosol-induced warming and updraft width and slope onupdraft intensity in deep convective clouds[J]. J. Atmos. Sci.，75：535-554.

Lemon L R，1982. New severe thunderstorm radar identification techniques and warning criteria：A preliminary report[J]. NOAA Tech.

Memo. NWS NSSFC-1：60.

Lemon L R，Doswell C A，1979. Severe thunderstorm evolution and mesocyclone structure as related to tornado genesis[J]. Mon. Wea. Rev.，107：1184-1197.

Lenard P，1892. Ueber die electricitat der wasserfalle，Ann[J]. Phys.，46：584-636.

Lin Y，Coauthors，2021. Urbanization-induced land and aerosol impacts on storm propagation and hail characteristics[J]. J. Atmos. Sci.，78：925-947.

Liu C，Heckman S，2010. The application of total lightning detection and cell tracking for severe weather prediction[C]. WMO Technical Conf. on Meteorology and Environmental Instruments and Methods of Observation，World Meteorological Organization，https：//www. wmo. int/pages/prog/www/IMOP/publications/IOM-104_TECO2010/P2_7_Heckman_USA. pdf.

Loose T，Bornstein R D，1977. Observations of mesoscale effects on frontal movement through an urban area[J]. Mon. Wea. Rev.，105：563-571.

Ludlam F H，1950. The composition of coagulation elements in cumulonimbus[J]. Quart. J. Roy. Meteor. Soc.，76：52-56.

Ludlam F H，1958. The hail problem[J]. Nubil，1：12-96.

Ludlam F H，1963. Severe local storms：A review. Severe local storms，meteor[J]. Monogr.，No. 27：1-30.

Macklin W C，1962. The density and structure of ice formed by accretion. Quart[J]. J. Roy. Meteor. Soc.，88：30-50.

Macklin W C，Strauch W，Ludlam F H，1960. The density of hailstones collected from a summer storm[J]. Nubila，3：12-17.

Mason B J，1953. Charge separation mechanisms in clouds，Quart[J]. J. R. Soc. 79： 501-509.

Ortega K L，Krause J M，Ryzhkov A V，2016. Polarimetric radar characteristics of melting hail. Part III： Validation ofthe algorithm for hail size discrimination[J]. J. Appl. Meteor. Climatol.，55：829-848.

Pereyra R G，Avila E E，Castellano N E，et al.，2000. A laboratory study of graupel charging[J]. J. Geophys. Res. Atmos.，105：20803-20812.

Pflaum J C，1978. A wind tunnel study of the growth of graupel[D]. Los Angeles：PhD thesis.

Pflaum J C，1980. Hail formation via microphysical recycling[J]. J. Atmos. Sci.，37： 160-173.

Protat A，Zawadzki I，1999. A variational method for real-timeretrieval of three-dimensional wind field from multiple-Dopplerbistatic radar network data[J]. J. Atmos. Oceanic Technol.，16：432-449.

Protat A，Zawadzki I，Caya A，2001. Kinematic and thermodynamic study of a shallow hailstorm sampled by the McGill bistatic multiple-doppler radar network[J]. J. Atmos. Sci.，58：1222-1248.

Pruppacher H R，Klett J D，1997. Microphysics of clouds and precipitation[J]. Kluwer Academic，2：954.

Reynolds S E，Brook M，Foulks M G，1957. Thunder storm charge separation[J]. J. Meteor.，14：426-436.

Rotunno R，1981. On the evolution of thunderstorm rotation[J]. Mon. Wea. Rev.，109： 577-586.

Rotunno R，Klemp J B，1982. The influence of the shear-inducedpressure gradient on thunderstorm motion[J]. Mon. Wea. Rev.，110：136-151.

Sadowski A，1958. Radar observations of the El Dorado，Kansastornado，June 10，Mon[J]. Wea. Rev.，86：405-408.

Sadowski A，1969. Size of tornado warning area when issued on basis ofradar hook echo. ESSA Tech[J]. Memo. WBTM Fcst. 10：26.

Saunders C P R，Peck S L，1998. Laboratory studies of the influence of the rime accretion rate on charge transfer during crystal/graupel collisions[J]. J. Geophys. Res.，103：13949-13956.

Saunders C P R，Bax-Norman H，Emersic C，et al.，2006. Laboratory studies of the effect of cloud conditions on graupel/crystal charge transfer in thunderstorm electrification，Q. J. R[J]. Meteorol. Soc.，132/B：2655-2676.

Schmid P E，Niyogi D，2017. Modeling urban precipitation modification by spatially heterogeneous aerosols[J]. J. Appl. Meteor. Climatol.，56：2141-2153.

Schultz C J，Carey L D，Schultz E V，et al.，2017. Kinematicand microphysical significance of lightning jump versusnonjump increases in total flash rate[J]. Wea. Forecasting，32：275-288.

Shedd L，Kumjian M R，Giammanco I，et al.，2021. Hailstone shapes[J]. J. Atmos. Sci.，78： 639-652.

Smith P L，Musil Jr. D J，Weber S F，et al.，1976. Raindrop and hailstone size distributions inside hailstorms[J]. Preprints Int. Conf. Cloud Physics，Boulder，Amer. Meteor. Soc. ：252-257.

Stolzenburg M，Rust W D，Smull B F，et al.，1998. Electrical structure in thunderstorm convective regions，1. Mesoscale convective systems[J]. J. Geophys. Res.，103：14059-14078.

Stout G E，Huff F A，1953. Radar records Illinois tornado genesis[J]. Bull. Amer. Meteor. Soc.，34：281-284.

Takahashi T，1978. Riming electrification as a charge generation mechanism in thunderstorms[J]. J. Atmos. Sci.，35：1536-1548.

Thompson G，Rasmussen R M，Manning K，2004. Explicit forecasts of winter precipitation using an improved bulk microphysics scheme. Part I： Description and sensitivity analysis[J]. Mon. Wea. Rev.，132：519-542.

Van Tassel E L，1955. The North Platte Valley tornado outbreak of June 27，Mon[J]. Wea. Rev.，83：255-264.

Vincent B R，Carey L D，Schneider D，et al.，2003. Using WSR-88D reflectivity for the prediction of cloud-to-ground lightning: A north Carolina study[J]. Dig.，27:35-44.

Wadell H，1935. Volume，shape and roundness of quartz particles[J]. J. Geol.，43：250-280.

Wang，B，Bao Q，Hoskins B，et al.，2008.Tibetan Plateau warming and precipitation change in east Asia[J]. Geophys. Res. Lett., 35:L14702.

Williams E R，1989. The tripole structure of thunderstorms[J]. J. Geophys. Res. ，94D： 13151-13167.

Wilson C T R，1916. On some determinations of the sign andmagnitude of electric discharges in lightning flashes[J]. Proc. R. Soc.，A92：555-574.

Wilson C T R，1929. Some thundercloud problems[J]. J. Franklin Inst.，208：1-12.

Workman E J，Reynolds S E，1950. Electrical phenomena occurring during the freezing of dilute aqueous solutions and their possible relationship to thunderstorm electricity[J]. Phys. Rev. 78：254-259.

Zhong S，Coauthors，2017. Urbanization-induced urban heat island and aerosol effects on climate extremes in the Yangtze Riverdelta region of China[J]. Atmos. Chem. Phys.，17：5439-5457.

第3章　雹暴的地基基本监测方法

在对雹暴的监测方法中，地基监测是最为传统的方法，其中尤其是以各类雷达的观测最有代表性。

对雹暴的研究应回答以下问题。①判别冰雹发生的最佳探测参量有哪些？②区分产生强降雹与否的最佳探测方法有哪些？③假如双偏振雷达上不能大规模地装备，单偏振雷达估算冰雹尺度是否还有改进的空间？

对于雹暴常规的监测而言，通常获取的资料包括以下两类。

环境资料：高时间与空间分辨率的环境资料、对流层顶高度、等温线高度、探空资料。

雷达资料：组网雷达资料(雷达资料的距离分辨率为250m；最低的3～5层仰角分辨率为0.5°，其余的为1°，一个体扫共14层。

其中，雷达资料要进行必要的质控，从而限制非气象回波，去除 Z_H＜40dBZ，双偏振雷达的相关系数 ρ_{HV}＜0.9。

3.1　地面的降雹记录

在预报业务发展、模式验证及气候研究的共同推动下，降雹判别方法得以不断发展；地面的降雹记录主要包括降雹的时间、位置及尺度，然而降雹资料依然存在很多问题，特别是冰雹尺度、降雹时间及位置都会存在一定的偏差。降雹的时空分布还受人口数量、公路网、观测人员及降雹发生的时间等因素的影响(Allen and Tippett，2015)。例如，若雹暴降雹发生在人口密度较低的区域，则有可能不被记录；相反，若雹暴降雹发生在人口密度大、交通繁忙的区域，则会比前者有更多的记录。即使有足够的目击者，那些被认为有较高降雹风险的区域关于降雹的报告依然比被认为风险低的区域多(Witt et al.，2018)。当更大的灾害龙卷发生时，人们往往会忽略冰雹的发生。冰雹地面记录最大的问题主要是冰雹尺度记录的偏差，记录者通常使用参照物估测冰雹的尺度，这使得记录的冰雹尺度通常与真实尺度存在一定的差异。

除了对冰雹的记录十分重要以外，对于雹暴的追踪也是非常必要的，已有的研究已重点针对独立的雹暴单体进行了分析。普通的方法如下(Han et al.，2009)：①在雷达体扫的每个仰角识别最大的反射率区域；②确定可以代表独立雹暴的质心(具有闭合的轮廓)；③将雷达连续体扫观测(时间间隔不超过 20min)得到的质心连接起来；④将具有垂直连续性(即可以在多个雷达仰角进行识别)的单体识别为雹暴。

尽管这样的方法还算成功，但是有时会识别出太多或太少的雹暴，而当雹暴单体出现合并与分裂还会对雹暴的移动方向给出错误的估计，为此发展了改进的雹暴追踪方法(Homeyer et al.，2017)，具体如下：①确定在0℃层高度以上 Z_H=30dBZ 的回波顶；②如果单体的距离在 15km 范围内，且时间增量≤5min(基于各种情况下的迭代阈值评估)，连接雷达连续体扫中的最大值；③保留雹暴轨迹至少 15min 以便进行进一步的分析。被识别的雹暴通常可以分为两类，即降雹与无雹。其中，由于记录误差，无雹存在着一定的不确定性。

3.2 雹暴识别方法评估

为了更加客观地评估识别雹暴方法的优劣，引进识别概率(probability of detection，POD)，虚警率(false-alarm rate，FAR)，以及关键正确指数(critical success index，CSI)，具体如下(Murillo and Homeyer，2019)：

$$\mathrm{POD}=\frac{\text{正确识别的雹暴数}}{\text{观测的雹暴数}} \tag{3.1}$$

$$\mathrm{FAR}=\frac{\text{错误识别的雹暴数}}{\text{识别的雹暴数}} \tag{3.2}$$

$$\mathrm{CSI}=\left(\frac{1}{1-\mathrm{FAR}}+\frac{1}{\mathrm{POD}}-1\right)^{-1} \tag{3.3}$$

统计显著性检验是利用科莫戈洛夫-斯米尔诺夫(Kolmogorov-Smirnov，KS)检验比较有雹与无雹风暴的统计显著性，KS 检验如下：

$$F_n(x)=\frac{1}{n}\sum_{i=1}^{n}I_{(-\infty,x]}(X_i) \tag{3.4}$$

$$D_n=\sup_x\left|F_n(x)-F(x)\right| \tag{3.5}$$

其中，X_i 代表每次观测过程；$F_n(x)$ 为每个样本的累积分布函数；D_n 是关键值(通常也称为 p 值)。当关键值小于置信区间值，则为无效假设(两个样本源于同一分布)。

已有的研究表明，最大期望冰雹尺度(maximum expected size of hail，MESH)、垂直积分液水(vertically integrated liquid water，VIL)密度及 H_{DR} 对于判定冰雹的发生是重要的物理参量；其中在使用单参数进行判定时，H_{DR} 的效果较好，而 MESH 对于判定强雹暴效果最为明显。单偏振雷达结合双偏振雷达对于雹暴识别的能力优于单纯单偏振雷达的方法。在这些识别参数中，MESH 与 VIL 密度均是通过 Z_{H} 的垂直积分计算的，较大的积分值代表较大的雹暴深度，这与较强的对流与更易产生较多的冰雹相对应；Z_{H} 与粒子的尺度最为敏感，大的水成物粒子的存在将导致 Z_{H} 更加快速地增加；因此，较大的 MESH 与 VIL 密度则表示雹暴较强，且有可能产生较大的冰雹。由于 H_{DR} 涉及 Z_{H} 与 Z_{DR}，这些量可以表征水成物粒子的物理特性；雷达观测大水成物粒子(翻滚的大冰雹)时，通常将其作为近球体进行处理，其散射特性与大的扁圆的雨滴完全不同，因而将 Z_{H} 与 Z_{DR} 结合，利用水成物粒子的散射特性就可以在普通风暴中识别出雹暴。

3.3　雹暴的地基监测研究中存在的问题

由于降雹可导致严重的经济损失，因此需要发展准确预报冰雹降落至地面的空间位置及强度(即冰雹落区、最大冰雹直径及冰雹动能)的方法。准确的冰雹落区信息对于评估雷达监测雹暴的能力，揭示雹暴的动力、微物理，以及验证高分辨率的数值模式都是十分重要的。

通常对于降雹的影响范围主要是通过分析降雹报告、测雹板记录、保险理赔资料，以及气象雷达资料得到的。其中，前三种都较大地受到人为因素的影响，而由雷达资料分析得到的结果则相对较为客观。

雷达观测的空间分辨率较高，其对于降雹落区的预报有一定的优势；然而在雷达观测分析中，冰雹尺度、液水含量与分布，以及冰雹数浓度等受粒子后向散射影响明显，确定它们较为困难，因而导致在确定地面降雹范围及强度时也存在一定的不确定性。多数研究中，在比较雷达反演与地面测量获取的冰雹尺度值时，都引入了两个隐含的假设，即：①从高空探测到降落至地面，冰雹尺度保持不变；②冰雹垂直降落至高空探测位置的地面投影区内。

已有的研究表明，冰雹从最初空中的位置水平移动相当大的距离才能降落至地面，这对基于雷达观测的冰雹地面位置的确定有一定的影响。一些研究中，利用低层的雷达体扫(高度越低，冰雹水平移动的距离会越小)以减少冰雹平流造成的其在降落位置上的偏差(Depue et al.，2007；Ortega et al.，2016)，然而由于该方法缩短了对于冰雹的预警时间，因此其并不适用于临近预报，此外该方法也不能用于计算基于整个垂直扫描的 MESH 及 VIL 等。为了减少冰雹平流效应对冰雹落区预测所造成的不确定性，一些研究中使用了邻近域方法[即定义一个时空范围与地面的冰雹落区报告相匹配(Ortega，2018)]，或基于垂直反射率分布更复杂的方法(Ortega et al.，2016)。这些匹配技术的使用也反映了基于雷达探测预测地面冰雹落区的困难；虽然通过冰雹造成的农作物损失、测雹板记录，及保险理赔等资料对以上的匹配技术也可以进行相应的完善(Schuster et al.，2006)，但是完善的程度则相对有限。首先，在完善处理方法中，冰雹的水平位移被认为是一个定常值，并没有考虑不同的下落末速度及初始高度所造成的差异；其次，这些完善处理方法有赖于地面高时间分辨率的观测。因此，这样的方法不适于观测不充分的地区。

Schiesser(1990)的研究则有所不同，其对冰雹水平位移进行了归一化处理；在研究中考虑了冰雹所处的高度及定常的水平速度，并为整个雹暴系统设定了具有代表性的水平风矢量，从而完善了雷达结合测雹板确定冰雹落区的方法。该方法并没有解决复杂冰雹水平运动的问题，研究中假定所有的冰雹速度为定常的，且雹暴系统中的风速也是定常的。

3.4　地基遥感探测方法对强降雹与雹暴进行监测的基本方法

目前，学术界已发展了一些判定降雹发生的客观方法，这些方法主要是利用已有的雷达观测网发展起来的，主要可以分为两类，即单偏振雷达观测及双偏振雷达观测。

其中，在单偏振雷达的应用中尤以 VIL(单位为 $kg\cdot m^{-2}$)密度(Amburn and Wolf，1997)及 MESH 的应用最为广泛。

$$\mathrm{VIL}=\sum 3.44\times10^{-6}\left[\left(Z_i+Z_{i+1}\right)/2\right]^{4/7}\Delta h \tag{3.6}$$

其中，Z_i 与 Z_{i+1} 分别为低取样层与高取样层雷达反射率因子(单位为 $mm^6\cdot m^{-3}$)；Δh 为取样层高度(单位为 m)，在雷达产品中其取样的格点为 4km× 4km；而反射率因子 Z 可由下式获得：

$$Z=\sum n_i\times D_i^6 \tag{3.7}$$

其中，D 为雷达观测介质中粒子的直径；n 为雷达观测体积中粒子的总数。

VIL 密度($g\cdot m^{-3}$)则可以下式表示：

$$\mathrm{VIL密度}=1000\times\mathrm{VIL}/H_t \tag{3.8}$$

其中，H_t 为回波顶高，单位为 m。

VIL 密度与 MESH 均是基于雷达水平极化反射率 Z_H 获得的，此外还有一些其他类似的参量用于冰雹的预警(Ortega，2018)。

单偏振雷达参数对于识别强降雹(冰雹尺度大于 2.54cm)风暴是非常有用的，但是这些参数在各类雹暴预警中的表现则不尽相同，对于这些参数在大范围长时间的评估研究也较少。

双偏振雷达的观测参量(如差分反射率 Z_{DR})与水成物粒子的形状密切相关，因而其对于判定冰雹的发生可以提供更加有针对性的观测信息。对于 S 波段的雷达而言，在观测大的球形冰雹时，$Z_H>45dBZ$，$Z_{DR}\approx 0dB$；观测大雨滴时，Z_H 几乎没有变化，但 $Z_{DR}\geqslant 2dB$。鉴于双偏振雷达的工作特点，Aydin 等(1986)发展了冰雹差分反射率 H_{DR} 进行冰雹识别。

差分反射率可由下式给出，即

$$Z_{DR}=10\log_{10}(Z_{HH}/Z_{VV}) \tag{3.9}$$

此外利用双偏振雷达的偏振参量，通过基于模糊逻辑的粒子识别算法可以对雹云中的水成物粒子进行识别。Park 等(2009)对业务中使用的粒子识别算法进行了总结，并将雨夹雹划归为最大的粒子类型。

3.5 基于雷达观测的冰雹落区的监测方法

研究中需要通过探空及数值模式了解大气的热动力特征，需要利用双偏振雷达确定雹暴中冰雹的初始位置及尺度，需要根据双多普勒雷达分析雹暴的三维风场；双多普勒雷达可分析雹暴的风扰动及其对冰雹轨迹的影响。此外，研究中需要考虑融化造成的冰雹尺度与下落末速度的减小。

1. *冰雹差分反射率*(H_{DR})(Aydin et al.，1986)

$$H_{DR}=Z_{HH}-f\left(Z_{DR}\right) \tag{3.10}$$

$$f\left(Z_{DR}\right)=27 \quad \left(Z_{DR} \leqslant 0\text{dB}\right) \tag{3.11}$$

$$f\left(Z_{DR}\right)=19Z_{DR}+27 \quad \left(0 \leqslant Z_{DR} \leqslant 1.74\text{dB}\right) \tag{3.12}$$

$$f\left(Z_{DR}\right)=60 \quad \left(Z_{DR}>1.74\text{dB}\right) \tag{3.13}$$

三维冰雹尺度的反演通常是基于冰雹差分反射率(H_{DR})得到的，其主要是利用大量的冰雹与雨分布的几何差异，结合高等效水平反射率 Z_H 与低差分反射率 Z_{DR}，以识别冰雹(Aydin et al.，1986)。Depue 等(2007)给出了基于 S 波段雷达对 86 个雹暴过程观测后得到 H_{DR} 与冰雹尺度之间的经验关系，具体如下：

$$d_{hdr}=\begin{cases}0, & H_{DR}<21\text{dB}\\ 0.03H_{DR}^2-0.37H_{DR}+11.69, & H_{DR}\geqslant 21\text{dB}\end{cases} \tag{3.14}$$

其中，d_{hdr} 为等体积冰雹直径估计值，单位为 mm；当 H_{DR} 的值小于 21dB 时，冰雹的直径为 0，H_{DR} 下限对应于 d_{hdr} 冰雹最小估计值为 17mm；冰雹小于该阈值时，会对农作物造成相应的损害，但不会对建筑物形成危害(Marshall et al.，2002)。Depue 等(2007)认为由该公式反演得到的冰雹尺度与实际的观测值存在 10.6mm 的标准偏差，这表明使用 HDR 反演冰雹尺度存在一定的不确定性。利用地面的实测资料可以对 H_{DR}-d_{hdr} 关系进行校准，尽管该关系尚有待完善，H_{DR} 仍然可以用于判别雹暴中冰雹存在与否。

2. MESH

MESH 为单极化冰雹监测算法，其涉及融化层以上 Z_H 的加权积分，可获取二维的最大冰雹尺度分布特征(其中格距为 1km)。为了将二维的 MESH 改进为三维的算法，需要利用 Z_H 的垂直廓线(其中垂直格距为 0.5km)，因此三维的 MESH 冰雹尺度算法，可由下式给出(Brook et al.，2021)，即

$$d_{mesh}=\frac{Z_H}{Z_{H,max}}\text{MESH} \tag{3.15}$$

其中，$Z_{H,max}$ 为柱体积中最大反射率；对于每个柱体积中 d_{mesh} 在最大反射率处的值等于二维的 MESH，而在该位置之上或之下则按照 Z_H 的垂直廓线的比率减小。三维 MESH 的准确性受到以下两个主要因子的影响，即：①Z_H 并不与冰雹尺度成比例地变化(其还受粒子的几何形状、液水外膜及数浓度等影响)；②MESH 值需要地面观测值进行一对一的比对。有鉴于以上两个主要的局限性，d_{mesh} 仅可定义为在冰雹降落路径内实施的冰雹尺度的算法，其并非独立的冰雹尺度的反演方法；但是该方法还是可以从某种程度上解决因雹暴系统中水平风场造成的对于冰雹降落影响的问题。

3. 混合算法

目前在粒子识别中的算法中，模糊逻辑的算法取代了原先的经验算法。这些算法更适于冰雹的监测，并可降低在水成物粒子识别中存在的不确定性(Park et al.，2009)。冰雹需要从其他水成物粒子中分离出来，冰雹尺度识别算法(hail size discrimination algorithm，HSDA)源于普通的水成物粒子算法，并将冰雹分为小(＜25mm)、大(25～50mm)、巨大(＞50mm)三类。冰雹尺度与 H_{DR} 在三个类型中成比例变化。因此，小冰雹尺度介于 0～

25mm，大冰雹尺度介于25～50mm，巨大冰雹尺度则不设上限。

利用雷达准确地估算雹暴中最大冰雹的尺度是很困难的，尽管MESH的计算尚存在一些问题，但是还是可以估算最大的冰雹尺度。在没有获得更加有效的最大冰雹尺度估算方法的条件下，巨大冰雹尺度的上限可暂且限定为75mm；由于巨大冰雹的下落速度较大，水平风对其的影响有限，因此便可以减少冰雹下落轨迹计算上的不确定性。

具体的冰雹尺度分类计算如下(Brook et al.，2021)：

$$d_{\text{hsda}}=\begin{cases}25\dfrac{d_{\text{hdr}}-d_{\text{S,min}}}{d_{\text{S,max}}-d_{\text{S,min}}}, & \text{HSDA}=\text{小}\\ 25\dfrac{d_{\text{hdr}}-d_{\text{L,min}}}{d_{\text{L,max}}-d_{\text{L,min}}}+25, & \text{HSDA}=\text{大}\\ 25\dfrac{d_{\text{hdr}}-d_{\text{G,min}}}{d_{\text{G,max}}-d_{\text{G,min}}}+50, & \text{HSDA}=\text{巨大}\end{cases} \tag{3.16}$$

其中，$d_{\text{S,min}}$为小冰雹分类中尺度的最小值；$d_{\text{S,max}}$为小冰雹分类中尺度的最大值；$d_{\text{L,min}}$为大冰雹分类中尺度的最小值；$d_{\text{L,max}}$为大冰雹分类中尺度的最大值；$d_{\text{G,min}}$为巨大冰雹分类中尺度的最小值；$d_{\text{G,max}}$为巨大冰雹分类中尺度的最大值。

4. 三维风场反演

冰雹轨迹的准确模拟有赖于对雹暴实际风场的监测，可采用双多普勒雷达对雹暴的风场进行反演(Protat and Zawadzki，1999)，风场反演使用笛卡尔坐标系，其中水平分辨率为1km，垂直分辨率为500m。由于受波束发散及地物杂波的影响，雷达近地面采样并不适于此类研究；反射率与水成物粒子的下落关系在研究中也得以应用(Conway and Zrnic，1993)，而大的水成物粒子的悬浮对于垂直速度的计算产生偏差。鉴于对双多普勒雷达测量的要求，雷达间波束方向接近共线的区域需从分析中剔除；研究中两部多普勒雷达的波束之间的夹角不应小于0.95°。其中两部雷达的共线及弱回波区域垂直风速将会被设置为零，而水平风速则设为最靠近的水平截面处的平均风速。

5. 微物理因素

在下落的过程中，冰雹的融化会改变其下落速度。由于升华与蒸发等热动力过程，使得冰雹质量出现损失。热动力环境变量可通过雹暴系统的探空获得，冰雹尺度与密度的关系可由下式给出：

$$\rho_0(d)=\begin{cases}600-0.25d^2+17.61d, & d<36\text{mm}\\ 917, & d\geqslant 36\text{mm}\end{cases} \tag{3.17}$$

其中，ρ_0为冰雹的初始密度；实际冰雹的密度在计算的过程中需要考虑冰雹内部空气腔与外部的融化水的积累。

6. 下落轨迹的模拟

目前仅使用双偏振雷达信息并不能准确地估算冰雹尺度的分布，因此可根据MESH或雷达反演参量H_{DR}与水成物粒子分类，模拟冰雹的尺度分布与下落轨迹。冰雹的初始最大尺度可根据对冰雹的监测进行确定。对于冰雹轨迹的强迫机制主要包括三维风场中的重力及拖拽力。在每个点上，沿着冰雹的下落轨迹，风场的水平分量(u,v)为水成物粒子水平风速，而垂直风速则为垂直空气速度 w 与水成物粒子下落速度 V_T 之和，因此水成物粒子在空气中移动的速度则为(u,v,V_T+w)。考虑到该速度矢量，n 时刻的位置可由 $n-1$ 时刻的位置获取，具体如下：

$$x_n = x_{n-1} + u_{n-1}\Delta t \tag{3.18}$$

$$y_n = y_{n-1} + v_{n-1}\Delta t \tag{3.19}$$

$$z_n = z_{n-1} + \left(V_T + w_{n-1}\right)\Delta t \tag{3.20}$$

其中，Δt 为时间步长。研究中除了计算冰雹的最大尺度，还可计算累积的动量场，具体为

$$\mathrm{KE_H} = \sum_{i=0}^{n}\frac{1}{2}m_iV_i^2 = \sum_{i=0}^{n}\frac{1}{12}\pi\rho_i d_i^3\left[u_i^2 + v_i^2 + \left(V_{T,i} + w_i\right)^2\right] \tag{3.21}$$

其中，m 为冰雹质量；ρ 为冰雹密度；d 为冰雹的等效直径；n 为每个网格中的冰雹的影响次数；i 为影响网格的第 i 个冰雹。

7. 模拟验证

通过雷达监测雹暴并获取 MESH、H_{DR} 及最大反射率，在雹暴的整个生命期内于每个格点对各参数进行积分。由于雷达体扫的时间分辨率为 6min 及雹暴系统的移动，雹暴在空间上存在着一定的不连续，因此需要通过单体跟踪以识别并对单体进行匹配，从而沿着雹暴移动路径插值给出冰雹的降落区域。在缺乏地面冰雹记录的条件下，保险资料则被用于模拟结果的验证。

3.6　闪电监测资料在雹暴天气监测中的应用

已有的研究表明，总闪电资料在雹暴天气的监测及预警中有着较好的应用潜力；特别是总闪电的快速增加与地面恶劣天气的表现呈正相关。尽管并非所有的雹暴天气中都存在闪电的快速增加，但是观测证实在强天气过程中，云动力、微物理及起电放电过程之间都有着密切的联系。

雹暴中的起电机制主要为非感应起电(noninductive charging，NIC)机制(Takahashi，1978；Saunders et al.，1991)，其涉及冰晶、霰、雹及过冷液滴之间的电荷的转移；雹暴中的上升气流与地球所产生的重力是云内云尺度电荷分离的重要条件；电荷分离后，进而在云中形成相应的电场。当电荷持续形成，电场强度达到击穿介质的量级，闪电便会发生。

Workman 和 Reynolds(1949)较早地提出了雹暴中闪电的发生与上升气流的演变及冰相粒子的形成密切相关。Boccippio(2002)则进一步指出雹暴系统的厚度与其中闪电的产生存在着非线性关系，但通常雹暴的上升气流越强，产生闪电的潜力就越大。Petersen 等(2005)指出，冰相粒子降水与闪电的发生及频数均有着密切的联系，特别是冰相粒子的垂直通量与总闪频数之间的关系尤为密切。有鉴于此，闪电活动可以指示雹暴的严重程度。Williams 和 Coauthors(1999)发现在低纬度雹暴中总闪电的增加要先于其他强天气现象出现，

Goodman 和 Coauthors(2005)在雹暴特征的分析中得到了强雷暴发生前闪电活动快速增强的结果。

Gatlin(2006)提供了一个操作算法的基本框架，预报员可以通过总闪电数据来评估雹暴的严重程度。在其框架中，相对于背景平均值的总闪电时间变化率可提前长达 25min 预测地面恶劣天气的发生；然而该方法也有一定的局限性，首先其缺乏足够的个例，再次该方法没有评估普通非强雹暴对算法本身的影响；这可能是一方面由于并非所有的强雷暴都是孤立产生的，另一方面闪电活动增强的阈值的设置对于天气与预警影响也是显而易见的。

利用闪电观测资料发展雷暴的预警方法需要注意以下几点：①在不同区域区分强与非强雹暴；②量化非强雹暴的闪电活动特征，为强雹暴的闪电活动提供一个“活动背景”；③算法需要根据不同类型的天气而设定。

非强雹暴的定义主要包括以下特征：①2km 高度以上 35dBZ 强度等值线至少维持 30min；②无强雷暴的报告；③完全独立于其他对流单体。

强雷暴的定义主要包括以下特征：①冰雹的尺度大于 1.9cm；②风速大于 26m/s；③产生龙卷。

1. Gatlin 算法(Gatlin，2006)

第一步，计算 2min 的平均闪电频数：

$$FR_{\text{avg}}(t_i)=\frac{FR_{t_1}(t_1)+FR_{t_2}(t_2)}{2} \tag{3.22}$$

其中，$FR_{t_1}(t_1)$ 与 $FR_{t_2}(t_2)$ 分别为 t_1 及 t_2 时刻 1min 的总闪电数；$FR_{\text{avg}}(t_i)$ 为每 2min 平均闪电频数。

第二步，计算最近的三个时段(共 6min)每分钟闪电频数的加权滑动平均：

$$\overline{f(t_3)}=\frac{1}{3}\left[FR_{\text{avg}}(t_3)+\frac{2}{3}FR_{\text{avg}}(t_2)+\frac{1}{3}FR_{\text{avg}}(t_1)\right] \tag{3.23}$$

但开始计算另外一个时段时，例如 t_4，则总闪电数于 t_4 时刻的趋势为

$$\frac{\mathrm{d}}{\mathrm{d}t}\overline{f(t_4)}=\frac{\overline{f(t_4)}-\overline{f(t_3)}}{t_4-t_3}=\text{DFRDT} \tag{3.24}$$

在闪电资料收集 10min 后，利用最近的三个 DFRDT 值，计算其标准差。当 DFRDT 值超过平均标准差时，则可以认为存在闪电活动的快速增加。

2. 阈值算法(Schultz et al.，2009)

该方法包括两个步骤，以便对强雷暴及非强雷暴进行区分。第一步是基于 1min 总闪电峰值而发展阈值，第二步则是基于 DFRDT 建立阈值；利用第一步的判断开启算法，第二步确定闪电与强雷暴与非强雷暴之间的关系。

3. 西格玛(Sigma)算法(Schultz et al.，2009)

Sigma 算法实际上是变形的 Gatlin 算法，该方法涉及较少的数据平滑和更高的跃增阈值以降低误报率；其中 1min 闪电频数及 DFRDT 的算法与原算法中的一致，而标准差则是

基于最近的 5 个时段(即计算前的 10min 的总闪电)，然后考虑 2 倍的标准差以便从滑动平均的状态中识别出异常的闪电变化；选用 2 倍的标准差可减少虚警率。

4. 预警时间长度与验证

Sigma 算法中一旦闪电出现跃增，对于强雷暴的预警时间可以提升至 45min；Gatlin 算法的预警时间则可以达到 30min。

如果在触发闪电跃增的雷暴警报时间段内观测到强雷暴天气，则说明验证预警成功。间隔 6min 报告的事件被视为一个事件。在预警期间内可能发生多个事件，如果发出警告，则每个事件都被计为预警成功事件。

3.7 小　　结

雹暴的地基监测对于雹暴研究而言是基础性的工作，其对于了解雹暴的动力、热力、微物理、电活动过程都有着十分重要的意义。本章主要就地面的降雹记录、雹暴识别方法评估、雹暴的地基监测研究中存在的问题、地基遥感探测方法对强降雹与雹暴进行监测的基本方法、基于雷达观测的冰雹落区的监测方法，以及闪电监测资料在雹暴天气监测中的应用等进行了较为系统的介绍与分析。

参 考 文 献

Allen J T，Tippett M K，2015. The characteristics of United States hail reports：1955-2014. Electron[J]. J. Severe Storm Meteor.，10 (3)：1-31.

Amburn S A，Wolf P L，1997. VIL density as a hail indicator[J]. Wea. Forecasting，12：473-478.

Aydin K，Seliga T A，Balaji V，1986. Remote sensing of hail with a dual linear polarization radar[J]. J. Climate Appl. Meteor.，25：1475-1484.

Boccippio D J，2002. Lightning scaling relations revisited[J]. J. Atmos. Sci.，59：1086-1104.

Brook J P，Protat A，Soderholm J，et al.，2021. HailTrack-Improving radar-based hailfall estimates by modeling hail trajectories[J]. J. Appl. Meteor. Climatol.，60：237-254.

Conway J W，Zrnic D S，1993. A study of embryo production and hail growth using dual-Doppler and multiparameter radars[J]. Mon. Wea. Rev.，121：2511-2528.

Depue T K，Kennedy P C，Rutledge S A，2007. Performance of the hail differential reflectivity (HDR) polarimetric radar hailindicator[J]. J. Appl. Meteor. Climatol.，46：1290-1301.

Gatlin P，2006. Severe weather precursors in the lightning activity of Tennessee Valley thunderstorms[D]. Huntsville：The University of Alabama.

Goodman S J，Coauthors，2005. The North Alabama lightning mapping array：Recent severe storm observations and futureprospects[J]. Atmos. Res.，76：423-437.

Han L，Fu S，Zhao L，et al.，2009. 3D convective storm identification，tracking，and forecasting-An enhanced TITAN algorithm[J].

J. Atmos. Oceanic Technol., 26: 719-732.

Homeyer C R, McAuliffe J D, Bedka K M, 2017. On the development of above-anvil cirrus plumes in extratropical convection[J]. J. Atmos. Sci., 74: 1617-1633.

Marshall T P, Herzog R F, Morrison S J, et al., 2002. Hail damage threshold sizes for common roofing materials[C]. 21st Conf. on Severe Local Storms, San Antonio, TX, Amer. Meteor. Soc. : 3. 2.

Murillo E M, Homeyer C R, 2019. Severe hail fall and hailstorm detection using remote sensing observations[J]. J. Appl. Meteor. Climatol., 58: 947-970.

Ortega K L, 2018. Evaluating multi-radar, multi-sensor products for surface hailfall diagnosis. Electron[J]. J. Severe StormsMeteor., 13(1): 1-36.

Ortega K L, Krause J M, Ryzhkov A V, 2016. Polarimetric radarcharacteristics of melting hail. Part III: Validation of the algorithm for hail size discrimination[J]. J. Appl. Meteor. Climatol., 55: 829-848.

Park H S, Ryzhkov A V, Zrnic D S, et al., 2009. The hydrometeor classification algorithm for the polarimetricWSR-88D: Description and application to anMCS[J]. Wea. Forecasting, 24: 730-748.

Petersen W A, Christian H J, Rutledge S A, 2005. TRMM observations of the global relationship between ice water content and lightning[J]. Geophys. Res. Lett., 32: L14819.

Protat A, Zawadzki I, 1999. A variational method for realtimeretrieval of three-dimensional wind field from multiple-Doppler bistatic radar network data[J]. J. Atmos. Oceanic Technol., 16: 432-449.

Saunders C P R, Keith W D, Mitzeva R P, 1991. The effect of liquid water on thunderstorm charging[J]. J. Geophys. Res., 96: 11007-11017.

Schiesser H H, 1990. Hailfall: The relationship between radar measurements and crop damage[J]. Atmos. Res., 25: 559-582.

Schultz C J, Petersen W A, Carey L D, 2009. Preliminary development and evaluation of lightning jump algorithms for the real-time detection of severe weather[J]. Journal of Applied Meteorology and Cimatology, 48: 2543-2563.

Schuster S S, Blong R J, McAneney K J, 2006. Relationship between radar-derived hail kinetic energy and damage to insured buildings for severe hailstorms in eastern Australia[J]. Atmos. Res., 81: 215-235.

Takahashi T, 1978. Riming electrification as a charge generation mechanism in thunderstorms[J]. J. Atmos. Sci., 35: 1536-1548.

Williams E R, Coauthors, 1999. The behavior of total lightning activity in severe Florida thunderstorms[J]. Atmos. Res., 51: 245-265.

Witt A, Burgess D, Seimon A, et al., 2018. Rapid-scan radar observations of an Oklahoma tornadic hailstorm producing giant hail[J]. Wea. Forecasting, 33: 1263-1282.

Workman E J, Reynolds S E, 1949. Electrical activity asrelated to thunderstorm cell growth[J]. Bull. Amer. Meteor. Soc., 30: 142-144.

第 4 章　雹暴的空基遥感探测方法

雹暴的空基观测对于更加深入地了解雹暴的热动力及微物理过程均有十分重要的意义。

4.1　机载雷达监测强雹暴的主要设备

空基降水及云雷达[如热带降雨测量任务(tropical rainfall measuring mission，TRMM)卫星上的 PR 降水雷达及 W 波段的 CLoudsat 云雷达]，可以观测全球范围云及降水系统的变化；有鉴于这些雷达的成功应用，全球保护任务(global precipitation mission，GPM)的双频段(Ku 及 Ka 波段)降水雷达及 W 波段多普勒地球云廓线雷达分别于 2014 年与 2016 年投入实际应用。

由于受空基雷达尺度的限制，目前所有实际应用的此类雷达所选用的波长都相对较短，因此这些雷达在观测雨强较大或大的冰相粒子(如霰或雹)对流系统时就会遇到一定的困难；这是由于当水成物粒子的尺度与雷达波长可比或大于雷达波长时，就会发生米散射而非瑞利散射。也正是由于这些原因，地基 S 波段雷达与波长较短的空基雷达的观测效果明显不同。利用雷达的回波(如 50dBZ)高度可以指示强对流的上升气流强度，进而可以研究对流的时空变化。由于雷达的电磁波在高含水量区域或大的水成物粒子区域中传播时，会受到明显的衰减，CLoudsat 在观测深对流时，大部分的高频核心缺失正是由于 W 波段电磁波受到衰减所致，同样深对流中的强衰减也会影响 TRMM 卫星的 PR 雷达 Ku 波段的观测。此外，利用 TRMM 或 CLoudsat 上的单频率雷达很难定量地分析对流系统中的水成物粒子的特征，因此也就较难判断霰及雹粒子的存在，以及相应的米散射效应、衰减，及多次散射特征。

机载下视雷达可以模拟空基雷达对深对流中的云和降水进行观测，机载雷达多数为单频率的 X 波段多普勒雷达(如搭载在 ER-2 飞机上的雷达)(Heymsfield et al.，2010)；此外还有 DC-8 飞机上的双频率(Ku 及 Ka 波段)机载雷达(Durden et al.，2003)。

实际针对强雹暴进行观测的双频率雷达如 HIWRAP(high-altitude imaging wind and rain airborne profiler)，其为典型的双频率(Ku 及 Ka 波段)双波束圆锥扫描多普勒雷达，该系统由美国国家航空航天局(National Aeronautics and Space Administration，NASA)开发，其利用固态功率放大器、通用波形和脉冲压缩实现不同频率和不同波束位置的同时发射和接收。

4.2 典型的飞机观测雹暴过程

1. 基本天气过程

Heymsfield 等(2013)观测的对象为 2011 年 5 月 23～24 日发生于俄克拉荷马—堪萨斯区域的两次雹暴；两次雹暴发生的对流有效位能(convective available potential energy, CAPE)分别为 3600J/kg 及 4400J/kg，两次过程的冻结高度均接近于 4.3km，由 CAPE 计算的平衡层高度(约为 13km)以上的最大垂直上升速度 $w_{max}=(2\times \text{CAPE})^{1/2}$ 超过 80m/s，但是源于 CAPE 的上升气流由于降水等因素并不能理想化等值出现；理查森数分别为 $41\text{m}^2\cdot\text{s}^{-2}$ 及 $107\text{m}^2\cdot\text{s}^{-2}$。

2. HIWRAP 与地基雷达对于雹暴的观测

为了有效地比较机载 HIWRAP(Ku 及 Ka 波段)与 S 波段雷达的观测，沿着图 4.1 中箭头所指的飞行方向作剖面图(图 4.2)。

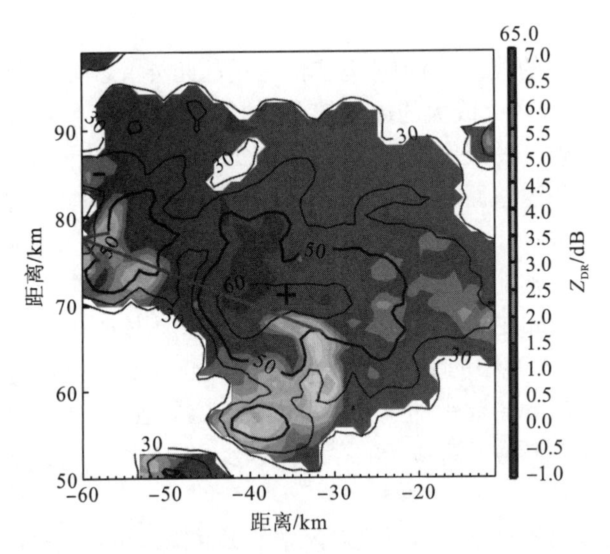

图 4.1 5 月 24 日 0121 UTC 3km 的水平截面的反射率等值线及差分反射率阴影图

注：箭头为 ER-2 飞机于 01:21～01:26 UTC 的飞行轨迹，最大的反射率为 60dBZ(Heymsfield et al., 2013)。

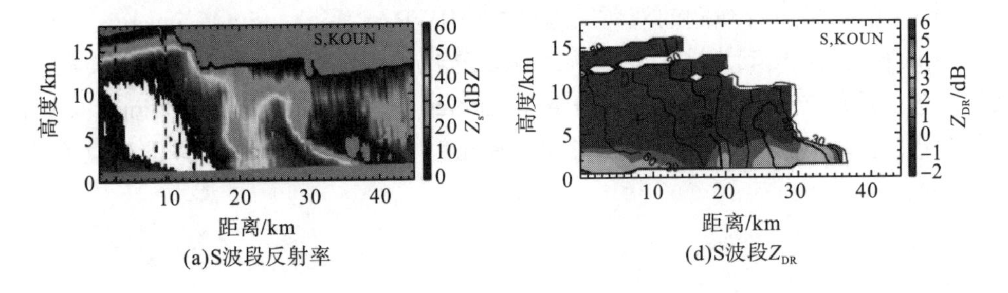

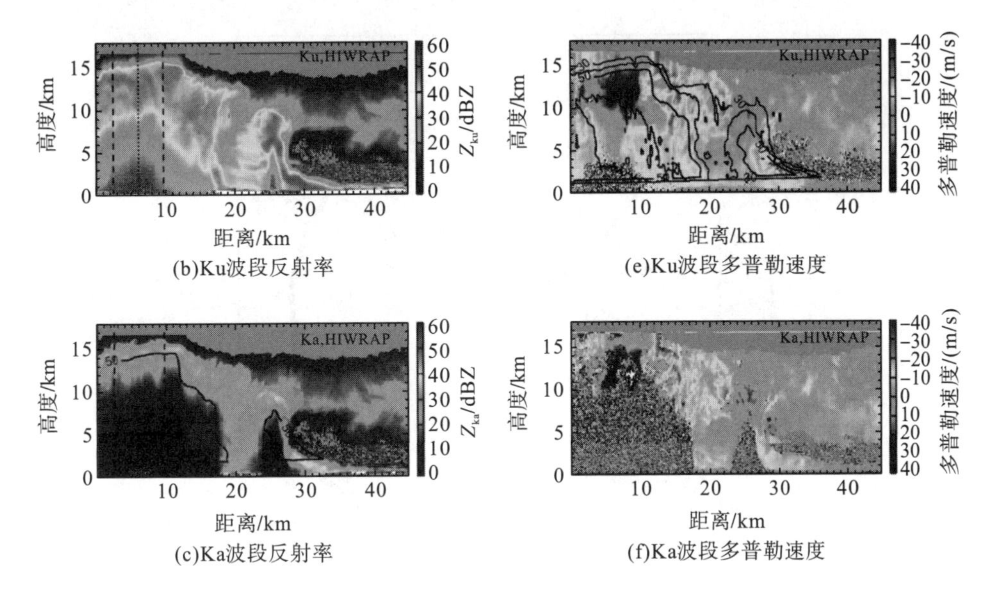

图 4.2　5 月 24 日沿着飞机飞行轨迹的 0121-0126 UTC

雹暴的顶部超过了 16km，S 波段观测的最强中心超过 60dBZ，该强中水平尺度达到 10km，并从地面一直延伸至 11km 的高度，该中心随着高度的增加向东南方向倾斜，并与西北方向的垂直切变相对应；该强中心的 Z_{DR} 接近 0dBZ，一直延伸至地面，说明其为冰雹增长区域。机载 HIWRAP 雷达的观测存在明显的衰减，Ku 与 Ka 波段在 8km 及 12km 以下反射率完全呈现出大冰雹通过米散射的衰减特征，Ku 与 Ka 波段的峰值反射率分别为 45dBZ 与 35dBZ，而对应的 S 波段的峰值反射率则为 63dBZ；在 10km 的高度以上存在强上升气流，但上升气流不连续，这主要是由于上升气流存在倾斜，进而进出测量的垂直平面，在最大上升气流的下方均为下沉气流。

Ku 波段的观测信号更强，Ka 波段的观测信号则存在一定的问题，Ka 波段雷达信号受多重散射的影响；向下的水成物粒子的运动，速度接近 $30m \cdot s^{-1}$。

由图 4.3 可知，三部雷达的观测存在着明显的差异，只有在接近云顶处(＞14km)的高度观测结果才较为一致，这主要是由于云顶附近主要为小的冰相粒子，使得各波长的雷达在观测时符合或接近瑞利散射，且衰减也较小。尽管 S 波段观测的反射率大于 60dBZ，Ku 波段与 Ka 波段的最大观测值则分别为 47dBZ 与 34dBZ，这样的差异是高反射率区域米散射、衰减及多重散射所造成的，而且这些因素对 Ka 波段的影响更大；Ka 波段在 5km 以下大部分区域都呈现出衰减；将米散射、衰减及多重散射从图中分离出来是十分困难的。事实上，多重散射会增加反射率值，同时也会潜在地增加峰值反射率。

大于 60dBZ 的反射率核心一直延伸至地面，且与接近 0dBZ 的 Z_{DR} 相关联，其可以指示冰雹的生长及降落的区域。正的 Z_{DR} 柱最高处达到了 7.5km 的高度，而最高的 Z_{DR} 在 0℃层以下，这是由于冰雹的融化所造成的。Z_{DR} 柱可以指示对流天气系统中的上升气流，且其在垂直方向上的延伸范围与上升气流的强度成正比(Kumjian et al.，2012)；过冷液滴通常与相对较浅的 Z_{DR} 柱相关联(如冻结层以上 1～2km)。较高的 Z_{DR} 柱则通常是大的霰或雹粒子在水汽充足的条件下增长，其外层被液态水包裹，进而在上升气流的中层形成的。

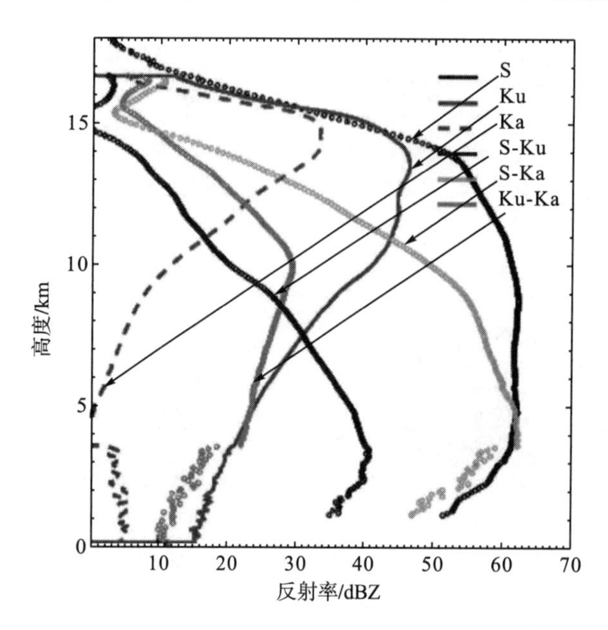

图 4.3 对同一雹暴单体不同波段雷达观测的反射率平均廓线

当温度过低时，冰雹的湿增长则可能不会发生，因此强上升气流的较高的区域内不会形成明显的 Z_{DR} 柱。湿增长可以产生较大的冰雹(尤其是产生尺度超过 5cm 的冰雹)，并在相应的湿增长区域(-20～-10℃)内形成小的相关系数。

3. 对于观测结果的小结

(1)强上升气流明显，在 10.7km 处为 $39\text{m}\cdot\text{s}^{-1}$，且机载雷达 Ku 波段与 Ka 波段在观测时出现了明显的衰减。

(2) Z_{DR} 柱可延伸至 7.5km 的高度，并伴随 ρ_{hv} 的减小。

(3)S 波段反射率最大超过 70dBZ，60dBZ 的回波高度超过了 10.5km。

4. 多普勒雷达观测的上升气流量级

通过多普勒雷达的观测可以估测天气系统中垂直上升的量级，Ulbrich(1977)利用雷达反射率给出了干湿冰雹的下落速度的经验关系，简化方程为

$$v_T = A'Z_e^b \tag{4.1}$$

其中，A' 及 b 为拟合系数；Z_e 为等效反射率。Ulbrich 认为干湿雹的 v_T 对于波长并不敏感。

在地面之上，v_T 需随着高度及相应空气密度的变化而进行相应的调整，调整的因子为 $[\rho_0/\rho(z)]^{0.45}$ [其中，$\rho(z)$ 与 ρ_0 分别为高度 z 及 1000hPa 处的空气密度](Beard，1985)。密度较低的水成物粒子与固态的冰粒子相比较而言，其下落速度较小。

世界气象组织定义的冰雹密度为 $0.91\text{g}\cdot\text{cm}^{-3}$，且尺度在 5mm 以上；而作为雹胚的霰粒子密度通常较小($<0.4\text{g}\cdot\text{cm}^{-3}$)，尺度不足 5mm。上升气流与下沉气流的核心尺度会随着上升气流强度的增加而增加，强雹暴上升气流的速度在 6～7km 的高度可达 35～$40\text{m}\cdot\text{s}^{-1}$(Bluestein et al.，1988)。

5. 冰雹所造成的散射与衰减

Ku 及 Ka 波段机载雷达多数用于具有相对简单的垂直结构的层状云系的观测。通过雷达野外试验和理论计算，可以较好地了解融化层以上的雪粒子聚合物、融化层内的混合相和雨滴的散射特性；然而利用 Ku 及 Ka 波段机载雷达对于冰雹的观测则很少。在对冰雹的观测中，假设冰雹为干冰雹，其密度为 $0.917\text{g}\cdot\text{cm}^{-3}$，对于 S、Ku 及 Ka 波段符合米散射，并假设冰雹为单分散分布，直径最大可达 6cm。

当冰雹粒子的尺度超过 2cm 时，S 波段雷达的反射率也不符合瑞利散射的物理特征。Ku 及 Ka 波段的衰减表现得较为复杂，当冰雹的尺度小于 1cm 时，Ka 波段的衰减大于 Ku 波段，这个趋势一直保持于冰雹尺度为 1.2～3cm 及 4.5～5.5cm；对于尺度为 4cm 的冰雹，Ku 及 Ka 波段的衰减则是较为接近的。当冰雹的尺度超过 5cm，S 波段的衰减比 Ku 及 Ka 波段更加严重，这是因为这个尺度的冰雹更多地通过散射而不是吸收产生衰减；然而，由于云中水成物粒子小雹或霰粒子浓度更高，而这些对于 S 波段产生的衰减则较小。因此，综合而言，S 波段的衰减明显较小；对于尺度超过 3cm 的冰雹，Ka 波段的衰减大于 Ku 波段。

4.3　机载设备对于雹暴微物理特征的监测

Rosenfeld 等(2006)利用机载设备对雹暴系统云滴尺度的垂直分布、云中液水含量、过冷水的生命期、冰相及液相降水过程、冰相粒子形成的温度阈值(低于该温度过冷水将对冰雹的形成无贡献)进行测量；为了确保飞行安全，飞机通常在“饲养单体”（“饲养单体”指为其他单位提供冰成物粒子的单体)上方飞行。理想的飞机监测方式是如同气块上升一样从云底一直观测到云砧的高度处，然而在实际观测过程中，一方面云系特征发展变化很快，另一方面雹暴系统由很多的“云塔”构成且高度几乎同时在变化；通常飞机在观测过程中主要是针对可见性最强的“饲养单体”于接近其顶部处，并随时关注新的最强“饲养单体”，同时为了避免因冰雹降落造成的危险，还需关注随时脱离的路线。

1. 监测飞机的性能

WMI 云物理喷气式飞机(Rosenfeld et al.，2006)常被用于对雹暴的监测，该飞机可承受雹暴中低至−45℃的温度及强上升气流的冲击，高至 8℃的浮力温度(其中，上升气流速度可大于 $40\text{m}\cdot\text{s}^{-1}$)，以及近乎均质冻结绝热水含量的环境。由于大陆云微物理特征是具有高浓度的小云滴且上升气流速度较慢，而当强上升气流将液相小云滴(浓度可能高达 $4\text{g}\cdot\text{m}^{-3}$)输送至接近−38℃的高度时，则可能会发生均质冻结。

该飞机曾在佛罗里达 $25\text{m}\cdot\text{s}^{-1}$ 的雹暴气流中(温度为−36～−33℃)实施了穿云观测，其中发生了热带对流的均质冰相核化过程，其对于卷云云砧的微物理过程有着明显的影响，其中过冷水量在占绝热水的 10%左右的含量时达到峰值，而在阿根廷，绝热水的这个含量将接近 100%。

此前常用的飞行高度较低的 T-28 装甲飞机已经退役，其最大飞行高度不足 8km，曾在美国及瑞士的雹暴观测中发挥了重要的作用；T-28 曾穿越了弱回波区，并在飞行过程中连续穿过平均上升气流速度为 30m·s^{-1} 的区域，其中最大速度达到 50m·s^{-1}(Musil and Smith，1986)，飞机穿越时曾被上升气流从-9℃抬升至-30℃层；飞机穿越时对流核心相对完整，其中的过冷液水含量可达 6g·m^{-3}(不含冰相粒子)，最大的回波顶高为 16km，冰雹的粒径高达 4cm，液滴数浓度为 600cm^{-3}，平均液滴粒径小于 10μm。

2. 观测区域的气候特征

Rosenfeld 等(2006)的观测区域为阿根廷门多萨，其西部有高度超过 6400m 的高山，具有半干旱气候，海拔为 800m，年降水量为 200mm，境内主要利用安第斯山脉融雪的径流来满足区域用水需求。来自太平洋的水汽被山脉阻挡，夏季降水多为由热带大西洋提供水汽的对流云产生的。雹暴发生时冰雹的尺度多数超过 2cm，而平均的抬升指数为-2.83，天气过程发生时平均可降水量可达到 2.1cm。雹暴发生时层结强烈不稳定，水汽由北面及东面输送而来，区域内存在深厚的过冷水，强风切变为冰雹的产生提供了必要的条件；而安第斯山脉为该区域夜间强对流的发生也提供了基本条件，特别是山脉东侧的下沉气流可导致逆温层的形成，这可以抑制初期对流不稳定能量的释放，此外在山丘的强地表辐射的驱动下还有利于形成“山地-平原”间的大气局地日循环，于白天在安第斯山脊形成低层的辐合气流，而在夜间则形成相反的环流，并形成地表辐合带，夜间在平原雹暴的抬升触发机制明显。通常区域内夏季降水出现在白天较晚的时间段或夜间，雹暴的峰值时间为日落前后，且至午夜均有雹暴发生，回波顶高一般为 8.5～16.5km，平均持续时间为 0.43～2.3h，而雷达估算的降水通量为 167～1900m^3·s^{-1}。

3. 飞机对于云物理特征的监测

WMI 云物理喷气式飞机早在 2000 年 1～2 月便真正投入了云物理特征的监测研究，其除了安装有 AgI 烟剂的投放装置，该飞机还装备有 FSSP-100 探头(可探测粒径为 2～44μm 的粒子)，光学阵列二维 2DC 探头(可对粒径为 25～800μm 的粒子成像)，以及 DMT(Droplet Measurement Technologies)公司用于测量液水含量、温度与露点的热线仪探头。将飞机的观测结果与地面探空进行比对。

利用 FSSP-100 探头对典型的“饲养单体”(该单体与主单体合并)从云底至-45℃层进行观测。在观测过程中，观测飞机偶尔也穿越了主单体(其中的上升气流超过 40m·s^{-1})，并在穿越过程中因遇到大冰雹而中断。于 2000 年 2 月 1 日与 7 日测量到了于-38℃近乎绝热的液水含量峰值。雹暴系统的强上升气流靠近云底处云滴谱的宽度很窄，但随着高度的增加，滴谱变宽，然而此时 8km 高度以下并未产生降水。在其他地区测量时发现，当液滴直径超过 24μm 时便会产生暖云降水；暖云降水同样也能发生于较高的过冷温度环境中，但雨滴很容易被冻结，并在降水的过程中会有霰收集较大的雨滴，这在泰国的季风降水过程中表现得尤为明显。在阿根廷雹暴系统中，滴谱通常是随着高度的增加而加宽的，这种状态一直会持续至均质冻结层的高度，但极少在均质冻结层高度以下达到 24μm 的暖云降水阈值尺度。此外在分析液滴粒径时还用到有效直径，当液滴粒子超过该值时便会发生明显的碰并及暖云降水(Freud et al.，2005)；一般而言，由于有效直径的液滴数浓度及液水含量的变化小，因此由其得到的结构更加可靠。液滴的碰并会使滴谱加宽，但这对阿根廷雹云降水并未起决定性的作用，只有在最高的过冷水区域才对降水有一定的作用；但是这并不排除巨大云凝结核可形成孤立雨滴的可能性。在云底以上给定的云深度内，云滴的碰并受到一定的抑制；极高的云凝结核浓度对于云的微结构及降水形成过程的影响与大陆大气的强上升气流的作用是类似的。上升气流的强度及小云凝结核浓度对于云的微结构有着相似的作用。

由云底至云砧穿越观测中，云的液水含量由云底向上至均质冻结层-38℃的高度呈增加的趋势，最大的热浮力于 9～10km 约为 8℃；云水在-38℃高度处基本消失了，而这一高度却有较大的热浮力。幞状云的微结构与对流云有着显著的差异，其云底比对流云高很多，因此其液水含量较低，云滴浓度也较小，液滴的有效半径也较小。这些观测结果可以推广到不是由对流云物质降水产生的高层云与对流云之间的差异分析中去。雹暴中上升气流最大速度可由 $w_{\max} = (2 \times \mathrm{CAPE})^{0.5}$ (Rosenfeld et al.，2006)计算得到。飞机穿越云顶时，环境温度为-45℃，于云内-37℃处液水含量最大，为 $0.5\mathrm{g \cdot m^{-3}}$，而在最活跃的云中液水含量没有超过 $0.3\mathrm{g \cdot m^{-3}}$。冰相水成物粒子可以在高过冷水云中的强上升气流中快速增长，而在这样的环境中，大冰雹也较易形成。飞机在穿越时为了避免危险，通常在云底以下不超过 1000m 的高度飞行，同时卫星观测可与飞机观测配合实施；尽管如此，飞机仍然会受到小冰雹雨大的霰粒子的“袭击”。

在温度低于均质冻结阈值的活跃上升气流中存在的粒子主要为冻结的云滴；然而，当在较高的温度环境中异质冻结便有条件发生，云中冰相粒子的有效直径将大于同一高度液相或混合相态粒子的有效直径。异质冻结可发生于具有较高温度的混合相态的云中，其中冰相粒子可以继续通过消耗液态云滴，经水汽的凝华而增长；因此随着冰相粒子有效直径的增加，异质冻结云中的粒子浓度会减小；而在较高的温度条件下，液滴直接冻结的可能性会大大地降低。

在飞机穿越对流云塔时可对降水粒子进行观测，在 8km 以下的高度并无明显的降水粒子，其中在雹暴上升气流的核心处存在浓度较低的小的霰粒子，而核心的外围存在尺度为数毫米的霰粒子；而于另一个温度为-36℃半绝热液水含量的核心区存在一些更大的霰粒子。在系统冰相粒子的核心处且温度为-45～-34℃时，存在尺度高达 3mm 的霰粒子。

雷达观测的最初回波强度为 9km 处的 20dBZ，而在 15min 内便被加强至 51dBZ(此时云顶已发展至很高的高度，云底已发展得很暗，并开始形成降水)；相对孤立云体发展至如此的状态，其中的上升气流将会迟滞降水的形成；而相对较冷及较高的云底(3.2km 云底温度为 7.5℃)及大陆气溶胶的本底将导致于云底的小液滴浓度较高且滴谱较窄。在雹暴系统中最冷的初次回波具有最大的浮力与上升气流，这类雹云从初始回波出现至形成冰雹的时间非常短暂，对这类系统很难进行及时的预警，然而这类雹云通常上升气流极强，并可以产生灾害性强降雹过程。

4. 产生强雹暴的潜在条件

对于内陆地区产生强雹暴的潜在条件具体如下：

(1)在低层内陆云的微结构中，暖云降水过程不明显，其中粒子间的碰并不活跃，初始降水粒子很难形成；

(2)暖云降水及冷云过程中失去的云水很少，从而形成深厚的过冷云，其中包含近乎绝热的云水；

(3)在上升气流至-35℃层中存在大量的液态云水，有时至-38℃层(均质冻结层)仍存在未稀释和未冻结的上升气流；

(4)于云中高过冷部分(-38～-25℃)存在强上升气流，其中的垂直速度可达40m·s^{-1}(该上升气流足以支持直径为6.0cm的冰雹在-25℃层停留(Macklin，1977)；

(5)强垂直风切变将上升气流从下沉气流中分离出来，将使得天气系统具有长生命期，而水成物粒子也将具有更长的生长期。

这些正是大冰雹(直径大于3cm)生长所需的基本条件，其主要是通过对雹暴的监测得到的，其中特别是针对系统中“饲养单体”的监测得到的。云起电是过冷云中霰粒子与冰晶碰撞产生的结果，通常温度越低产生的电荷就会越多。活跃的雹暴系统通常有较为深厚的混合相水成物粒子区域，因此也会导致更多的荷电过程及分离电荷的垂直输送。然而，监测表明强上升气流将会迟滞高层的混合相过程，甚至会抑制强上升气流中冰晶与霰粒子的相遇，进而抑制闪电的发生，这种状态在新生的对流云系中表现得尤为明显；在对美国大平原的观测中也得到了类似的结论(Lang and Coauthors，2004)；但在强度较弱的非大陆雹暴的“饲养单体”中(如以色列冬季雹暴)，则能观测到闪电活动。此外，强内陆雹暴的降水效率也较低，这是因为部分云水通过云砧的冻结耗散或小尺度的水成物粒子被蒸发(而大尺度的低浓度冰雹则不宜被蒸发)所致。

4.4 小　结

雹暴是复杂的强对流天气过程，对其的监测需要从不同的角度实施；通过飞机对雹暴进行空基遥感探测是其中最为重要的方法之一。本章重点对机载雷达监测强雹暴的主要设备、典型的飞机观测雹暴过程，以及机载设备对于雹暴微物理特征的监测进了介绍。通过机载设备的观测可以更好地了解强雹暴的基本热动力结构与微物理演变特征，特别是飞机穿越雹暴系统中的“饲养单体”观测时，可以更好地认识雹云相互作用对于冰雹形成的贡献。具体而言，可以更加明确强雹暴云底的温度区间与上升气流随高度的变化、中高层的热浮力，以及其中的垂直风切变特征；可以明确其中暖云降水与冷云降水对于雹胚及冰雹形成的影响。

参考文献

Beard K V，1985. Simple altitude adjustments to raindrop velocitiesfor Doppler radar analysis[J]. J. Atmos. Oceanic Technol.，2：468-471.

Bluestein H B，McCaul Jr. E W，Byrd G P，et al.，1988. Mobile sounding observations of a thunderstorm near the dryline：The Gruver，Texasstorm complex of 25 May 1987[J]. Mon. Wea. Rev.，116：1790-1804.

Durden S L，Li L，Im E，et al.，2003. A surface reference technique for airborne Doppler radar measurements inhurricanes[J]. J. Atmos.

Oceanic Technol.，20：269-275.

Freud E，Rosenfeld D，Andreae M O，et al.，2005. Observed robust relations between CCN andvertical evolution of cloud drop size distributions in deep convective clouds[J]. Atmos. Chem. Phys. Discuss.，5：10155-10195.

Heymsfield G M，Tian L，Heymsfield A J，et al.，2010. Characteristics of deep and subtropical convection from nadirviewinghigh-altitude airborne radar[J]. J. Atmos. Sci.，67：285-308.

Heymsfield G M，Tian L，Li L，et al.，2013. Airborne radar observations of severe hailstorms：Implications for future spaceborne radar[J]. J. Appl. Meteor. Climatol.，52：1851-1867.

Kumjian M R，Ganson S，Ryzhkov A，2012. Freezing of raindrops indeep convective updrafts：A microphysical and polarimetri3cmodel[J]. J. Atmos. Sci.，69：3471-3490.

Lang T J，Coauthors，2004. The severe thunderstorm electrification and precipitation study[J]. Bull. Amer. Meteor. Soc.，85：1107-1125.

Macklin W C，1977. The characteristics of natural hailstones andtheir interpretation. hail： A review of hail science and hail suppression， meteor[C]. Monogr.， No. 38， Amer. Meteor. Soc.：65-88.

Musil D J，Smith P L，1986. Aircraft penetrations of swisshailstorms：An update[J]. J. Weather Modif.，18：108-111.

Ulbrich C W，1977. Doppler radar relationships for hail at verticalincidence[J]. J. Appl. Meteor.，16：1349-1359.

Rosenfeld D，Woodley W L，Krauss T W，et al.，2006. Aircraft microphysical documentation from cloud base to anvils of hailstorm feederclouds in Argentina[J]. J. Appl. Meteor. Climatol.，45：1261-1281.

第5章　雹暴的天基遥感探测方法

随着人造地球卫星技术的不断发展，人类有机会以更高的视角对发生于地球上的天气过程进行连续、不受空间限制及更大范围的观测，而观测得到的信息亦能与地面进行高效且迅速的交换，其对于预测发展时间短、致灾性强的雹暴系统优势明显，因此天基遥感探测方法对于深入了解雷暴系统中的各类物理过程尤为重要。

虽然雷达观测在冰雹客观识别研究中已经较为普遍，并已被用于临近预报，但是卫星观测却较少受到关注，这主要是由于传统的静止卫星相对于雷达而言时间及空间分辨率较低；尽管如此，卫星观测信息(如云顶冷却等)仍然可用于雹暴发生、云顶爆发性增长(overshooting tops，OTs)、“V”形缺口及云砧以上的卷云团(above anvil cirrus plumes，AACPs，即在爆发性云顶附近通过重力波激发注入平流层下层的云)等的辨识(Bedka et al.，2018)。特别是改进后的GOES(geostationary operational environmental satellite)系列卫星的超快扫描工作方式的时间分辨率可以达 30s 至 1min，而空间分辨率最高则可以达到0.5km(Line et al.，2016)，这样的卫星观测足可用于强雹暴的预警；但由于此类资料较新，仍需进一步的深入研究。

5.1　利用天基遥感探测平台研究雹暴的现状

冰雹对于人民的生命财产(特别是农作物与建筑物)能造成严重的危害；当冰雹的直径超过25mm时，其危害就会达到需要预警的等级，而强降雹的发生往往又是其他灾害性天气现象的开端(Johns and Hart，1998)。

雹暴潜在的破坏性及其在对流降水强度谱重要的位置，促使学术界亟待建立全球冰雹气候学，从而利用基于遥感结合地基报告的方法建立全球冰雹气候学。

尽管一些国家建立了基于基地监测报告的冰雹监测系统，但是Allen和Tippett (2015)指出由于人口密度及其他社会或非气象因素通常会使得基于地基监测开展的冰雹气候研究存在较大的不确定性；此外，一些国家或区域对于冰雹的统计尺度的差异与变化也加剧了这一不确定性(Xie et al.，2008)。

对于地基监测而言，主要资料包括地基常规天气雷达资料及其反演得到的产品资料、双偏振雷达资料以及由此发展的模糊逻辑算法反演得到的粒子识别资料，以及其他多种探测资料(Murillo and Homeyer，2019)。在这些资料中雷达资料有着较大的优势，然而一方面雷达组网系统并不能覆盖所有的区域，另一方面雷达观测还会存在一定的地物遮挡等限制。

由于基于地面监测系统的冰雹气候学发展中存在着这样一些局限性，促使基于天基卫星的方法得以发展，这种方法将对世界各地的雹暴采用一致的探测方法，此类探测可以覆盖冰雹报告与雷达稀少或极为缺乏的国家及海洋区域。

通过星载辐射计的被动微波数据可确定强降水及冰雹的分布特征。Spencer 等(1987)的研究表明低于 200K 的 37GHz 被动微波亮温 T_b 与强对流天气的发生有着较好的相关性。当卫星对云观测时，相对于环境降低的 T_b 是云柱体中冰相粒子散射形成的向上的微波辐出造成的。在降雨云上方 T_b 的减小可用以估算云柱体中的冰相粒子的浓度，而对于微波频率的影响则与冰相粒子尺度密切相关。静止卫星图像还主要涉及可见光及红外图像，而所用的参量包括云顶涡度(cloud top vorticity，CTV)及云顶散度(cloud-top divergence, CTD)，卫星的雷电密度的分辨率可达 0.08°×0.08°。

Cecil (2009)发展了利用搭载于 TRMM(tropical rainfall measuring mission)卫星上的 19GHz、37GHz 及 85GHz 被动微波通道的微波成像仪识别雹暴中冰雹的技术，同时其研究表明 37GHz 与 19GHz 通道 T_b 的减小与冰雹的增加关系密切，该结果也得到地面观测的验证；Cecil(2009)给出了预报冰雹的 T_b 阈值，具体为：19GHz 小于 230K、37GHz 小于 180K、85GHz 小于 70K。Cecil (2011)认为在美洲 37GHz 的 T_b 小于 220K 时，37%的过程中会对应冰雹的发生；而当该阈值降低至 180K 时，则将有 60%的过程会产生冰雹。对于高频通道 85GHz 也有类似的结果，即冰雹的发生与 T_b 的减小相关联，然而 T_b 的减小与尺度小于冰雹的粒子也会有一定的关联性。

Ferraro 等(2015)利用先进微波探测装置(advanced microwave sounding unit，AMSU)的 89GHz、150GHz 及 183GHz 的 T_b 阈值结合地面记录，对于 60°S～60°N 的区域进行了雹暴气候特征的分析。Cecil 和 Blankenship(2012)则利用太阳同步轨道 Aqua 卫星上搭载的微波辐射计加权的 37GHz 的 T_b 进行雹暴的预警研究。

除了星载微波辐射计以外，在一些卫星(如 TRMM)上还搭载了降水雷达，而另外一些卫星[如全球降水测量(global precipitation measurement，GPM)卫星]则搭载双频降水雷达(dual-frequency precipitation radar，DPR)，可以共同对雹暴进行监测与预警。Ni 等(2017)分析了这类雷达与微波辐射计资料，将-22℃的 44dBZ 及 37GHz 的 230K 作为阈值进行雹暴特征分析。Punge 等(2017)利用第二代气象卫星(meteosat second generation，MSG)的红外资料，通过过冲云顶探测算法分析了欧洲雹暴的气候特征。在这些研究中多数是利用地面的冰雹记录来验证其反演结果的。Mroz 等(2017)则是通过地基双偏振雷达的粒子识别算法来分析雹暴，并对卫星反演结果进行验证。这种利用雷达资料的方法提供的信息量远远超过了单纯地面冰雹记录的信息量，同时还可以回避一些由于潜在的社会和地理因素引起的在雹暴分析中产生的错误。然而，在没有地面冰雹报告的情况下，雷达分析雹暴过程是较为有效的方法，雹暴中冰雹在降落过程中还会产生部分的融化。

虽然没有任何一种方法是完美的，但对于天基卫星资料而言，在分析全球雹暴特征时可以提供更加统一的方法。近乎相似的被动微波 T_b 可能是由不同大小和深度的冰相粒子散射体的任意数量的组合产生的。微波 T_b 对于散射体廓线并非是唯一的(Toracinta et al., 2002)。卫星资料的分辨率有较大的差异，GPM 的 183GHz 通道的分辨率为 6km×4km，而 TRMM 的 10GHz 通道的分辨率为 64km×37km。由于雹暴的核心特征通常都是公里级的，因此较低的卫星观测分辨率对于分析雹暴的这些特征是不利的。在 Aqua、MetOp-A、MetOp-B、TRMM 及 GPM 上分别搭载了 10～89GHz 的微波观测通道。目前在轨的卫星平台可每 4h 提供一次覆盖全球的微波观测结果(Ferraro et al.，2015)。各类卫星的观测结果是较为相近的，其结果表明在全球范围内存在主要的雹暴多发区(即所谓的“热斑”)为美国中部、阿根廷北部及孟加拉与印度东部地区(Mroz et al.，2017)；然而，这些卫星在对热带地区观测时则存在较大的差异。由于在热带地区对流层的深度远高于高纬度地区，因此相对于副热带与中纬度地区，热带对流云发展的空间范围更大，从而冰相粒子层的范围也较厚，其中较小的冰相粒子在下落的过程中可能会融化，但其与较薄的冰相粒子层的冰雹粒子却可能有同样的 T_b。因此当热带地区的雹云中的冰相粒子是较小的雹或霰粒子时，其在降落至地面之前就可能已经出现了融化的现象。

在利用卫星资料分析雹暴特征过程中，仍存在诸多的不确定性，在某一个区域得到的反演方法(如 T_b 与雷达廓线之间的经验关系)不能应用到其他区域中去。在高纬度地区或山区，地表的积雪或冰盖是卫星资料反演中存在的主要问题；冰雪表面的 T_b 可能与雹暴的 T_b 相近，如格陵兰中部就属于这样的区域，其 T_b 较低，但这一区域并不会有强雹暴发生。尽管利用卫星资料分析全球雹暴气候特征可能存在一些问题，但是在经过恰当处理后其仍然不失为一种具有现实应用性的方法。

5.2 研究中主要的卫星资料

目前在雹暴的研究中用到的主要卫星平台是 TRMM 的偏振校正特征温度(TRMM polarization corrected temperature features，TPCTF)与 GPM 的偏振校正特征温度(GPM polarization corrected temperature features，GPCTF)数据集(http://arthurhou. pps. eosdis. nasa. gov)，其分别为 85GHz 与 89GHz 的通道，所用资料主要为极化校正亮温(polarization corrected brightness temperature，PCT)的阈值分别为 250K 与 200K；卫星的偏振校正特征温度像素为 35km^2 至数千平方公里。TRMM 的观测范围为 36°S～36°N，而 GPM 的观测范围为 69°S～69°N。

由于当对流层顶较高时，雹暴系统中霰粒子所在层就更厚，因此其对于 T_b 就会产生相应的影响；为了减小这一影响，就需要对对流层顶亮温进行归一化的处理。世界气象组织对于对流层顶的定义是温度直减率小于 2℃/km，通常对流层的高度可利用欧洲中期天气预报中心再分析资料(European Centre for medium-range weather forecasts，ECMWF)进行确定。

5.3 利用 TRMM 卫星资料分析雹暴特征

Cecil(2009)的研究表明，利用 TRMM 卫星的 19GHz、37GHz 及 85GHz 降低的 PCT 可指示冰雹的发生，并给出了相应的阈值。Bang 和 Cecil(2019)在其研究的基础上舍弃了固定的阈值，主要是通过对卫星资料进行线性回归给出冰雹产生的概率，然而这种回归得到的并非真实的产生冰雹的概率分布，于是又给出了拟合得到的对数冰雹产生概率曲线，即

$$f(x)=\frac{L}{1+\mathrm{e}^{-k(x-m)}} \tag{5.1}$$

其中，L为概率的最大值(通常为 100%)；m为“s”形曲线的中点；k为曲线的陡度。概率曲线的拟合高度依赖沿横坐标的 PCT 的分档宽度。在拟合曲线高概率的一端，冰雹发生的概率可能会被高估，这样做的目的在于补偿由于地理或其他因素造成的冰雹观测基础数据库中真实冰雹事件资料的缺失。

最小的 37GHz 的 PCT 或者其 T_b 的减小可指示强雹暴过程的发生。Bang 和 Cecil(2019)将最大的 37GHz 的 PCT 或对流层厚度归一化的 37GHz 的 PCT 减去最小的 37GHz 的 PCT 用以分析雹暴的发生概率，其中对流层厚度归一化的 37GHz 的 PCT 由下式给出：

$$\text{对流层厚度归一化的37GHz的PCT}=\frac{\text{MAX37PCT}-\text{MIN37PCT}}{\text{LRT}} \tag{5.2}$$

其中，MAX37PCT 为最大的 37GHz 的 PCT(单位为 K)；MIN37PCT 为最小的 37GHz 的 PCT(单位为 K)；LRT 为对流层的高度直减率(单位为 km)。

Cecil(2009)的研究发现 19GHz 的亮温的降低对于强雹暴的指示较为敏感，Mroz 等(2017)也指出采用 19GHz 指示强雹暴最具潜力。

为了更好地分析冰相粒子的散射特性，需要将 19GHz 与 37GHz 结合起来考虑，并根据最小的 19GHz PCT 与归一化的 37GHz 的 PCT 估算雹暴的发生概率，其中冰雹产生概率曲线公式中相应的参数可由表 5.1 给出。

表 5.1　冰雹产生概率曲线公式中相应的参数(Bang and Cecil，2019)

	L	k	m
最小 19GHz PCT	1	−0.137	257
归一化 37GHz PCT	1	0.762	5.09
最小 37GHz PCT	1	−0.0723	196

注：当使用归一化 37GHz 的 PCT 计算雹暴概率时，其值为 90%；利用最小 19GHz 的 PCT 计算雹暴概率时，其值则为 10%。

5.4　GPM 卫星的应用

GPM 卫星微波成像仪(GPM microwave imager，GMI)19GHz 的覆盖区域要远小于 TRMM 卫星微波成像仪(TRMM microwave imager，TMI)，其在非均匀波束的状态下可以测量较低的 PCT 值。针对 20°S～20°N 的 TMI 与 GMI 的共同观测区域，可利用 GMI 的 PCT 观测值计算 TMI 的 PCT 值，具体如下(Bang and Cecil，2019)：

$$\text{PCT19}_{\text{TMI}}=\begin{cases}\left[1.49-0.0018\left(\text{PCT19}_{\text{GMI}}\right)\right]\text{PCT19}_{\text{GMI}}, & \text{PCT19}_{\text{GMI}}\leqslant 272\text{K}\\ \text{PCT19}_{\text{GMI}}, & \text{PCT19}_{\text{GMI}}>272\text{K}\end{cases} \tag{5.3}$$

当 GMI 的 19GHz PCT 的测量值为 250K 时，TMI 对应的 PCT 等效值则为 260K，而利用冰雹产生概率的公式可得到此时的概率为 40%；而当 GMI 的 19GHz PCT 的测量值为 200K 时，TMI 对应的 PCT 等效值则为 226K，此时冰雹的发生概率为 99%。对于高频通道而言，GMI 与 TMI 的观测覆盖区域是相当的，因此二者无须进行相应的转换。

在仅使用卫星被动微波资料时(没有雷达及地面其他的环境辅助观测资料)，冰雪的地表会被误认为是含有冰相粒子的雹云。由于 GPM 卫星的观测范围较宽，其主要介于 69°S～69°N，其中就包含一些高纬度的冰雪地表，同时也包括一些低纬度的高山地区(如喜马拉雅及北美中部山区)，前者可能少有雹暴发生，而后者则有较多的雹暴发生。为了有效地将冰雪地表信息从资料中剔除，需要选定一些区域进行地面雷达的对比观测，从而建立相应的方法。Ebtehaj 和 Kummerow(2017)将低频(10～19GHz)与高频(89～166GHz)结合起来识别冰雪地表。

$$2\Delta 10-\Delta 89=2(\mathrm{MAX10PCT}-\mathrm{MIN10PCT})-(\mathrm{MAX89PCT}-\mathrm{MIN89PCT}) \tag{5.4}$$

其中，MAX10PCT 为最大的 10GHz 的 PCT；MIN10PCT 为最小的 10GHz 的 PCT；MAX89PCT 为最大的 89GHz 的 PCT；MIN89PCT 为最小的 89GHz 的 PCT；$2\Delta 10-\Delta 89$ 的单位为 K。由于 10GHz 通道相对于其他通道有着较大的覆盖区域，其消光系数对通道中大多数球形冰相粒子散射响应最小(Mroz et al.，2017)，因此 MAX10PCT－MIN10PCT 比代表冰雪表面的 MAX89PCT－MIN89PCT 的值大。一般而言，冰雪表面 $2\Delta 10-\Delta 89$ 的值高于-30K。-30K 是划分强弱雷达反射率的基本阈值，利用 $2\Delta 10-\Delta 89>-30\mathrm{K}$ 可将冰雪地表剔除。

生成的雹暴事件频率图需要估计每个网格内观测的事件数，并根据在轨卫星观测每个网格内的机会数进行归一化。这里观测到的雹暴事件数量实际上是冰雹发生概率的累积，而非对冰雹产生与否的简单计数(Ni et al.，2017)。卫星低轨道观测与卫星观测边缘采样将导致不规则时间采样。

1°×1°网格内的雹暴事件概率可由下式给出：

$$\begin{aligned}\text{概率}=&\frac{\text{每个格点中各年累积的雹暴数}}{\text{年数}}\times\frac{\text{雹暴数}}{\text{剔除冰雪地表的雹暴数}}\\&\times\frac{\text{每日4次归一化卫星飞越}}{\text{每日卫星飞越次数}}\times\frac{10^4}{\text{格点面积}}\end{aligned} \tag{5.5}$$

其中各项的主要含义如下。

第一项：每个网格中观测到的雹暴。

第二项：基于卫星的方法无法识别雹暴的比例因子。

第三项：卫星观测按照每日 4 次进行归一化。

第四项：格点相对于$10^4\mathrm{km}^2$进行归一化。

利用 GPM 卫星分析雹暴的气候特征，主要是通过 19GHz PCT 与归一化 37GHz PCT 分析雹暴的概率，通过适当的质控方法，冰雪地表产生的误差被淡化，热带对流层深层的区域效应被减轻。通过分析可知极少有雹暴发生在海洋区域，海洋区域的雹暴主要出现在距离陆地数百公里的暖水区域(如墨西哥湾、乌拉圭及巴西南部的近海岸，以及南非的近海岸)。在经过适当的质控处理后，亚热带“热斑”和热带深对流之间比先前其他一些基于卫星被动微波方法反演得到的雹暴气候更为真实，并且该结果更接近基于雷达方法的反演结果。

在利用卫星资料分析雹暴这类灾害性天气的全球气候特征时，必须解决区域性偏差的问题。将 GPM DPR 的 GPCTFs 资料反演的雹暴概率与-10℃层的最大雷达反射率中值反演的雹暴概率进行比较，并以雷达反射率为标准计算二者之间的偏差，正偏差表明对于雷达观测而言其强度较强。

5.5　利用 GOES-16 的快速扫描功能分析强雹暴

GOES-16 中尺度区域探测单元的观测时间间隔为 1min，适于对强对流天气过程进行观测，在观测中辅以 C 波段雷达、探空及闪电定位网。观测结果表明，云顶亮温随冰相粒子通量、云顶小的冰相粒子浓度、雹暴的高度的增加而减小。GOES-R 可用于雹暴的临近预报，利用先进的基线成像，如在南美洲获得前所未有的空间、时间和辐射分辨率的地球静止数据及闪电资料。其中，扫描时间分辨率小于 5min。

由于强对流天气发展迅速，快速扫描探测是提高临近预报准确性的重要手段。例如：Goodman 等(1988)的研究就曾指出强雷暴在发展过程中，从无雷电活动至雷电活动最旺盛期只有 7～8min，而在雷电活动达到峰值后 4min 时，地面出现下击暴流与冰雹，由此可见快速的监测是十分必要的。由于强对流天气发展迅速，根据高时间分辨率发展起来的算法就显得尤为重要；其中上升气流可以通过云顶温度的减少进行反演(云顶水成物粒子的冰晶化可由光谱差得到)；高时间分辨率可为强对流天气提供更长的预警时间。在此之前 GOES 卫星资料多是用于强对流天气的气候研究(Durkee and Mote，2010)及强对流系统运动的外推预报技术(Vila et al.，2008)。

卫星研究强对流天气系统要解决的主要问题如下。

根据卫星和闪电活动推断的云顶微物理特征与该地区发生的强风暴之间的主要区别是什么？在强副热带风暴中，由卫星得到的参数是否与之前研究的中纬度风暴相似？对于研究个例，相对于较低时间分辨率的扫描，1min 的数据是否在恶劣天气的预测时间内提供了显著的增益？

在具体观测计划中使用的设备包括：雷达、雨滴谱仪、探空、地面站、测雹板及 GOES-16 的中尺度测量设备。GOES-16 所使用的 1.6μm 波段通道空间分辨率为 1km，而于 6.19μm、8.5μm、10.35μm、11.2μm、12.3μm 波段空间分辨率为 2km。在 GOES-16 的观测通道中可以反演云中水成物粒子尺度的量主要有 1.6 μm 的反射率(较小的值对应较大尺度的粒子，较大的值对应较小尺度的粒子)、8.5～11.2 μm T_b(亮温差，高的正值对应小尺度的冰晶，低的正值对应大的冰晶)；反演云深度的有 6.19～10.35μm T_b(大于−10K 则对应为深对流云)、10.35μm T_b(小于 273K 对应深对流)；反演上升气流强度的有 10.35μm T_b 的时间变化[$dT_b/dt<-4K(15min)^{-1}$ 对应上升气流，$dT_b/dt<-8K(15min)^{-1}$ 对应强上升气流]。用低仰角 0.5° PPI 的反射率 40dBZ 作为跟踪强对流天气系统，每 5min 计算最大反射率与垂直积分液态水含量 VIL。

由此得到的雹暴发展前的环境条件：①气旋性的环流；②500hPa 存在温度槽，温度接近−9℃[对流层中部存在相对冷的空气，有利于冰雹的形成[Johnson and Sugden，(2014)]；③500hPa 存在高空急流；④850hPa 存在冷锋；⑤700hPa 存在水汽辐合；⑥强对流发生于弱的天气尺度强迫上升中；⑦边界层辐射加热形成混合层。

雹暴的生成及发展条件：T_b<235K，最低为 212K(V 形单体，凸起的云顶，或者云砧上部存在卷云)，勾状回波(冰雹核心的反射率 0℃以上，大于 60dBZ)；上游单体的阵风锋激发了下游单体，或者下游单体补偿的下沉气流使得上游的单体减弱了(Goodman and Knupp，1993)。

卫星参数(T_b)与闪电的时间演变的指示因子：10.35μm T_b 减小与上升气流及闪电强度增强可指示冰雹的发生；10.35μm T_b 的时间变率减小可指示冰雹的发生；6.19～10.35μm T_b 的最大值与闪电强度的增加可指示冰雹的发生；1.6μm 反照率与闪电强度的增加可指示冰雹的发生；对于强对流天气事件，云顶温度的快速降低、冰相粒子的快速通量的增加，与闪电强度快速增强相对应。

5.6 小 结

利用天基星载被动微波辐射计(主要搭载于 TRMM 与 GPM 卫星上)，可研究全球范围内的雹暴气候特征。其中主要可利用极化校正温度估算雹暴的发生概率。雹暴系统中水成物粒子对星载微波辐射的散射(可表现为 T_b 的减小)，已成为广为接受的雹暴指示因子。针对 10～85GHz 的微波辐射通道，可拟合出雹暴发生概率的对数曲线；特别是最小的 19GHz PCT 与归一化的 37GHz PCT 在分析雹暴概率特征时具有一定的优势。由于 GPM 的观测范围比 TRMM 的更大，在观测中包含了高纬度的冰雪地表，Bang 和 Cecil(2019)利用 10GHz PCT 与 89GHz PCT 差值可较有效地剔除冰雪地表。由卫星资料分析可知，在全球范围内雹暴发生概率最高的区域主要是阿根廷北部至巴西南部、美国中部及非洲萨赫勒以南的区域，分布面积相对小的主要是巴基斯坦、印度与孟加拉东部区域。而传统上位于非洲中部及赤道附近的雹暴高发区可能与高对流层高度内较小的冰相粒子的散射有关，可能与实际雹暴的发生并没有直接的关联性。

参考文献

Allen J，Tippett M，2015. The characteristics of United States hail reports：1955-2014.[J]. Electronic Journalof Severe Storms Meteor.，10(3)：1-31.

Bang S D，Cecil D J，2019. Constructing a multifrequency passive microwave hail retrieval and climatology in the GPM domain[J]. J. Appl. Meteor. Climatol.，58： 1889-1940.

Bedka K M，Murillo E M， Homeyer C R，et al.，2018. The above anvil cirrus plume： An important severe weatherindicator in visible and infrared satellite imagery[J]. Wea. Forecasting，33：1159-1181.

Cecil D J，2009. Passive microwave brightness temperatures as proxies for hailstorms[J]. J. Appl. Meteor. Climatol.，48：1281-1286.

Cecil D J，2011. Relating passive 37-GHz scattering to radar profiles instrong convection[J]. J. Appl. Meteor. Climatol.，50：233-240.

Cecil D J，Blankenship C B，2012. Toward a global climatology of severe hailstorms as estimated by satellite passive microwave imagers[J]. J. Climate，25：687-703.

Durkee J D，Mote T L，2010. A climatology of warmseason mesoscale convective complexes in subtropical South America. [J]. Int J.

Climatol.，30：418-431.

Ebtehaj A M，Kummerow C D，2017. Microwave retrievals of terrestrial precipitation over snow-covered surfaces：A lesson from the GPM satellite[J]. Geophys. Res. Lett.，44：6154-6162.

Ferraro R，Beauchamp J，Cecil D，et al.，2015. Aprototype hail detection algorithm and hail climatology developed with the Advanced Microwave Sounding Unit (AMSU)[J]. Atmos. Res.，163：24-35.

Goodman S J，Buechler D E，Wright P D，et al.，1988. Lightning and precipitation history of a microburst-producingstorm[J]. Geophys. Res. Lett.，15：1185-1188.

Goodman S J，Knupp K R，1993. Tornadogenesis via squall line and supercell interaction：The november 15，1989 huntsville，alabama tornado[J]. The Tornado：Its Structure，Dynamics，Prediction，and Hazards，Geophys. Monogr.，79：183-199.

Johns R，Hart J，1998. The occurrence and non-occurrence of large hail with strong and violent tornado episodes：Frequency distributions[C]. Preprints，19th Conf. on Severe Local Storms，Minneapolis，MN，Amer. Meteor. Soc.：283-286.

Johnson A W，Sugden K E，2014. Evaluation of sounding derived thermodynamic and wind-related parameters associated with large hail events[J]. Electron. J. Severe Storms Meteor.，9(5)：1-42.

Line W E，Schmit T J，Lindsey D T，et al.，2016. Use of geostationary super rapid scan satellite imagery by the storm prediction center[J]. Wea. Forecasting，31：483-494.

Mroz K，Battaglia A，Lang T J，et al.，2017. Hail-detection algorithm for the GPM core observatory satellite sensors[J]. J. Appl. Meteor. Climatol.，56：1939-1957.

Murillo E M，Homeyer C R，2019. Severe hail fall andhailstorm detection using remote sensing observations[J]. J. Appl. Meteor. Climatol.，58：947-970.

Ni X，Liu C，Cecil D J，et al.，2017. On the detection of hail using satellite passive microwave radiometers and precipitation radar[J]. J. Appl. Meteor. Climatol.，56：2693-2709.

Punge H J，Bedka K M，Kunz M，et al.，2017. Hail frequency estimation across Europe based on a combination of overshooting top detections and the ERA-INTERIM reanalysis[J]. Atmos. Res.，198：34-43.

Spencer R W，Howland M R，Santek D A，1987. Severe storm identification with satellite microwave radiometry：An initial investigation with Nimbus-7SMMR data[J]. J. Climate Appl. Meteor.，26：749-754.

Toracinta E R，Cecil D J，Zipser E J，et al.，2002. Radar，passive microwave，and lightning characteristics of precipitating systems in the tropics[J]. Mon. Wea. Rev.，130：802-824.

Vila D A，Machado L A T，Laurent H，et al.，2008. Forecast and tracking the evolution of cloud clusters(ForTraCC) using satellite infrared imagery：Methodology and validation[J]. Wea. Forecasting，23：233-245.

Xie B，Zhang Q，Wang Y，2008. Trends in hail in China during 1960-2005. [J]. Geophys Res. Lett.，35：L13801.

第6章　双偏振雷达对于雹暴天气过程的观测

气象雷达作为重要的大气遥感探测工具，其可以收集的天气信息比普通的单点观测平台多很多倍。雷达可以详细地观测风暴的基本结构和动力特征。早期的雷达主要的观测参量为反射率因子及径向速度，而雷达可以在固定地点、机载平台及地面移动平台上使用。

6.1　常用的双偏振雷达

随着技术的发展，双偏振雷达已在大气探测中广为使用，特别是针对各类风暴的系统观测研究，已得到较为广泛的开展。Zrnić 和 Ryzhkov（1999）与 Straka 等（2000）讨论了 S 波段双偏振雷达对于雹暴中各类水成物粒子观测时的偏振特性。

利用模糊逻辑的算法进行云中水成物粒子的分类的研究率先通过 S 波段（Vivekanandan et al.，1999；Zrnić et al.，2001；Park et al.，2009）及 C 波段（Lim et al.，2005；Marzano et al. 2006）双偏振雷达的观测实现，而随后亦在 X 波段双偏振雷达的观测中实现（Dolan and Rutledge 2009；Snyder et al. 2010）。此外，偏振雷达还用于定量测量降水（Giangrande et al.，2008）及滴谱反演（Cao et al.，2008）。

由于车载 X 波段多普勒双偏振雷达可以最大限度地缩短与观测目标之间的距离，从而使空间分辨率最大化；而在雷达的实际观测中，通过灵活地指定扇区和/或仰角，进而还可以提高雷达扫描的时间分辨率。

X 波段雷达的天线可以比在较低频率下工作的雷达相同的半功率波束宽度所需的天线小，但是 X 波段会比 S 及 C 波段产生更加明显的衰减，当 S 波段雷达观测大冰雹时，Z_H 可能大于 65dBZ；而 X 波段雷达观测时，Z_H 可能小于 50dBZ。由于水成物粒子（尤其是冰雹）的散射特性，X 波段与 S 波段亦明显不同。

X 波段雷达通过雨的信号衰减比 S 波段雷达的大 1 个数量级，X 波段雷达信号在强降水中完全消失的路径长度短可至 10km。基于偏振参量的衰减订正方法是利用总的测量差分相位的传播分量 Φ_{DP} 来实施的：

$$\Phi_{DP} = \arg\left\{\left\langle nf_{vv}f_{hh}^{*}\right\rangle\right\} + 2\int_0^r K_{DP}\left(r'\right)\mathrm{d}r' = \delta + \phi_{DP} \tag{6.1}$$

其中，n 为粒子分布；f_{vv} 与 f_{hh}^{*} 为后向散射矩阵共极化项的幅值；K_{DP} 为特征传播差分相移（°·km^{-1}），δ 为后向散射差分相移（°）。在雷达频率较低的条件下，δ 是可以忽略的，而在 X 波段的高频率条件下 δ 则非常明显。

基于 K_{DP} 的衰减订正的算法较难处理降水回波的边缘，因而回波边缘或在较窄的回波中的衰减订正效果并不理想。

由于冰雹在下落过程中在大气中处于翻滚状态，且冰相的介电常数比液相的低，因而可认为是冰雹是各向同性的，同时沿 H 平面和 V 平面产生的相位滞后的可能性也非常小。对于干冰雹而言，K_{DP} 趋近于°·km^{-1}；而对于覆有水膜的“湿”雹具有更加复杂的介电常数及物理结构，因而 K_{DP} 也会较大。观测雨及雹的衰减订正会有所不同。

6.2　雹暴的偏振特征

偏振雷达资料分析表明，在风暴环境温度 0℃层以上存在 Z_{DR} 值相对较高的 Z_{DR} 柱(Hall et al.，1984；Loney et al.，2002)。对流风暴上升气流在自由对流层和平衡层之间的上升气流部分具有正的热浮力，其特征是相对于周围环境的暖温扰动；因而假设上升气流穿过 0℃层向上延伸，0℃层会受到上升气流向上或下沉气流向下的扰动。在扰动的 0℃层以上，液相水成物粒子向上运动，并非瞬时冻结，其对正的 Z_{DR} 有明显的贡献；此外上升气流将融化的霰粒子输送到 0℃层以上同样可以造成 Z_{DR} 的增加。在对流系统的上升气流中，小液滴比大液滴更快地输送到更高的高度，这种在上升气流中的尺度分类将使大粒子留在上升气流的底部，而小液滴被输送到较高的部位，$Z_{DR}>0$dB 的区域通常可延伸至上升气流的最大高度，并形成所谓的 Z_{DR} 柱(其几乎与上升气流一致)(Loney et al.，2002)。

在 Z_{DR} 柱中 K_{DP} 的正值通常也可以延伸至比较高的高度，并形成 K_{DP}柱(在环境冻结层以上 K_{DP} 增大的区域)，然而在一些观测中 Z_{DR} 柱与 K_{DP}柱并未并置(Zrnić and Ryzhkov，1999)，环境垂直风切变可影响“柱”的位置。在有偏移的情况下，K_{DP}柱通常位于 Z_{DR} 柱及上升气流的左侧，并在大多数情况下与最大的 Z_H 相联系。Hubbert 等(1998)认为充足的液水含量(这可能是冰雹在上升气流外围落下的水滴造成的)导致 K_{DP}柱的产生。在环境0℃层以上，上升气流之外的散射体可能是冻结的，K_{DP} 的值可能很小(接近 0°·km^{-1})。

偏振雷达在 0℃层附近可以观测到 Z_{DR} 与 ρ_{HV} 的圆或者半圆的结构，其可以包围或部分地包围。由于液相及冰相粒子在 0℃层附近同时存在，ρ_{HV} 趋于减小，而 Z_H 则趋于增加(即形成所谓 0℃层亮带)。Payne 等(2010)也在超级单体中观测到了 ρ_{HV} 环，其在上升气流中以最大的垂直涡度值为中心，而垂直速度最大值的相对位置会影响 ρ_{HV} 环的形状。冻结的水成物粒子会融化并导致局部出现 Z_{DR} 的极大值，然而 Z_{DR} 柱与 ρ_{HV} 环并不会总是同时出现。

6.3　龙卷的偏振特征

龙卷具有较强的耦合径向速度 V_R、非常强的反射率 Z_H、较低的 Z_{DR} 及非常低的 ρ_{HV}。多数对于超级单体的观测源于 S 波段及 C 波段偏振雷达，而 X 波段的偏振雷达的观测结果相对有限。

1. 低反射率(弱回波)带

超级单体中在靠近天气系统主体前侧的下沉气流，且与钩状回波相连处，存在一个弱回波；该特征在距离 3km 以内的区域尤为明显，弱回波带中 Z_{DR} 通常也很小。即使通过衰减订正，该特征依然十分清晰。

2009 年在美国怀俄明州东南发生了龙卷的超级单体(图 6.1)，其弱回波带位于钩状回波的东北方。订正后弱回波带中的反射率比相邻区域的值明显低 6～10dBZ。

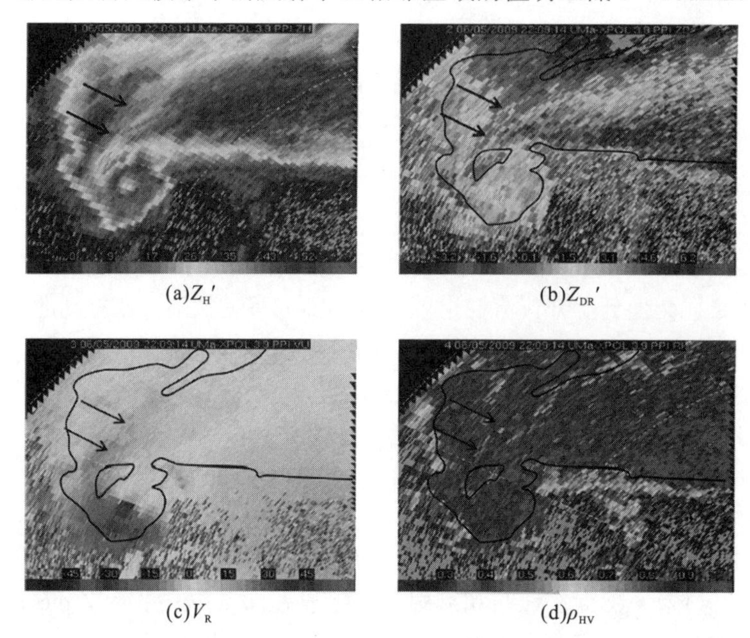

(a)Z_H' (b)Z_{DR}' (c)V_R (d)ρ_{HV}

图 6.1 2009 年 6 月 5 日美国怀俄明州东南发生了龙卷的超级单体(Snyder and Bluestein，2013)

弱回波带的宽度多为 300m 至 1km，且在距离地面 2.5～3.0km 的高度最为明显；与弱回波带对应的 Z_{DR} 带(其值为 0～2dB，比周围区域低 2～5dB)的宽度通常只有弱回波带的一半，沿着弱回波带可能存在径向速度的辐合及气旋性的涡度。

2. *在中层有界弱回波区*(bounded weak echo region，BWER)*左侧相关系数* ρ_{HV} *减小明显*

有界弱回波区(BWER)包围着强对流天气系统的上升气流，这是由于非常强的垂直速度将水成物粒子向上托起而造成的。在远离最强的上升气流部分，上升气流速度逐渐减弱，降水也因此而减小，大的水成物粒子降落至地面(即水成物粒子的下落末速度超过上升气流的速度)，而在有界弱回波左侧则存在异常低的 ρ_{HV} (即在有界弱回波左后侧存在低的 ρ_{HV})。

6.4 关于 Z_{DR} 柱的观测背景

Z_{DR} 柱见诸于文献，最早是 20 世纪 80 年代，Hall 等(1984)的研究指出 Z_{DR} 柱可延伸至 0℃层以上 1.5km 的高度，其主要是过冷液滴经上升气流输送所造成的，同时他们也注意到在 Z_{DR} 柱上方存在负的 Z_{DR} 值。Illingworth 等(1987)是较早系统性研究 Z_{DR} 柱的学者之一，不同类型的水成物粒子均可能造成在 0℃层以上 Z_{DR} 的增加，其中就包括尺度超过 4mm 的大雨滴；Z_{DR} 柱可以出现于积云对流发展阶段，可延伸至-10℃的高度，而其中的一些粒子可以作为有效的雹胚；Z_{DR} 柱内粒子并非源于融化层中的湿粒子，而主要是源于穿过上升气流下落的凝结及碰并增长的大液滴；此外还发现 0℃层以上 Z_{DR} 柱的增长先于 Z_H 顶上升；天气过程早期低 Z_H 及高 Z_{DR} 的回波会有加强的趋势，此外 Z_{DR} 柱的生命期较短，通常不会超过 10min。

Caylor 和 Illingworth（1987）初步给出了异常大 Z_{DR} 柱（较低部分）形成的假说，其主要是由于较大的液滴存在而造成的，这可能是由于存在超大的核，其可以增长为大滴；他们利用模式对该假设进行了验证。Tuttle 等（1989）的研究则表明 Z_{DR} 柱可延伸至 0℃层以上 3km 的高度，同时在他们的研究中还发现，风暴最初的回波是在融化层以下的，这说明降水的发展经历了暖云过程（碰并增长）。25～30m/s 的上升气流速度与成熟的 Z_{DR} 柱相联系，而随后的上升气流的减弱则导致 Z_{DR} 柱的收缩。

Bringi 等（1991）利用雷达及飞机的研究则表明，在融化层之下的高 Z_{DR} 区域内（飞机探测的上升气流峰值区）存在直径高达 7mm 的大滴，而在单体的衰减阶段则不存在 Z_{DR} 柱；在 Z_{DR} 柱下部大滴在下落过程中收集小滴增长，而在 Z_{DR} 柱上部，则是被上升气流带上来的小滴，此外在 Z_{DR} 柱上方存在较为明显的衰减。

Conway 和 Zrnic（1993）利用双多普勒雷达对一个超级单体进行观测，通过分析水成物粒子的轨迹揭示了 Z_{DR} 柱中水成物粒子来源及单体中冰雹的生长的过程。同时发现冰相粒子在融化后还可以进入上升气流，并形成位于上升气流核心边上的 Z_{DR} 柱。在融化层以下，Z_{DR} 柱中主要是大雨滴；而在融化层以上，Z_{DR} 柱中则主要是过冷雨滴、水膜冰相粒子、“湿扁圆”及圆形冰相粒子的混合物，这些粒子均可成为有效的雹胚。Z_{DR} 柱可用于指示发展对流风暴中冰雹增长的区域。

Bringi 等（1997）的研究表明，在上升气流-6.5℃层中主要为液滴、冻滴、冰晶及霰粒子的混合物；但是当上升气流进一步加强后出现了以下沉气流为主的区域，Z_{DR} 柱便会逐渐消失。在 Z_{DR} 柱上方存在相关系数的减小与 LDR 的增加（在高云水含量的环境中湿的冻液滴的增长造成 LDR 的增加）。

Hubbert 等（1998）的研究发现，雹暴中 30%～40%的冰雹是由冻滴作为雹胚生长而成的，而这与 Z_{DR} 柱是高度相关的。Smith 等（1999）也认为冻滴对于 LDR 的增加也是较为重要的，冻滴作为可能的雹胚；Kennedy 等（2001）认为 Z_{DR} 柱上方存在“LDR 帽”的大值区，并先于地面降雹出现。

冰雹、冰相粒子及过冷液水对于雹暴中的起电也十分重要，Jameson 等（1996）研究指出雹暴中的起电与 Z_{DR} 柱上方存在“LDR 帽”几乎同时出现。Straka 等（2000）专门建立了“大滴”分类与 Z_{DR} 柱相对应，较高 Z_{DR} 柱存在说明上升气流较为活跃。Picca 等（2010）认为 Z_{DR} 柱垂直及水平幅度的增加与低层 Z_H 在 10～30min 后的增加相关联。Z_{DR} 柱中包含有大雨滴的湿冰相粒子，水成物粒子在水汽充足的上升气流中循环是 Z_{DR} 柱形成的关键因素；Z_{DR} 柱的增强与冻滴的形成及其之后的淞附增长是相关联的，在超级单体中还与冰雹的湿增长有关；而 Z_{DR} 柱的发展、演变及结构仍需要深入系统的研究。

用模式可以模拟 Z_{DR} 柱的演变特征，其中 CCN 的活化浓度 N_{CCN} 与过饱和度 S_w(%)的关系为（Twomey，1959）

$$N_{CCN}=N_0S_w^k \tag{6.2}$$

其中，k 为测量的常数(Khain et al.，2000)。当 CCN 的尺度超过阈值便会被活化，进而粒子被核化。

6.5 Z_{DR} 柱的基本定义

双偏振雷达观测深对流雹暴时，通常会发现 Z_{DR} 柱，其可以伸展至 0℃层以上 3km 的高度，通常这是过冷液滴被上升气流输送到较高的高度所产生的结果；Z_{DR} 柱可定义为窄的(通常只有几公里宽)，在 0℃层以上向上延伸的正的 Z_{DR} 区域，其与湿深对流中的上升气流相对应。

如果雹暴的上升气流足够强并可以产生弱回波区，则 Z_{DR} 柱在弱回波区内或在其边缘处。在极端的情况下，Z_{DR} 柱可以延伸至 0℃层以上 3km 或更高的高度，在 Z_{DR} 柱顶部的 Z_{DR} 值为小的负值(-0.4～-0.1)；在 Z_{DR} 柱上方存在“Z_{DR} 洞”或是一个“Z_{DR} 缺口”与最高的 Z_H 相对应，其可以指示大冰雹的存在。如果在陆地环境中 CCN 的浓度较大，强对流的上升气流中小液滴的浓度较高，不利于液滴的碰并增长，特别是在低层尤为如此；而大的液滴是否对于 Z_{DR} 柱的形成有贡献是需要进一步研究的。

因此研究的目的主要包括：①Z_{DR} 柱产生的机制；②定量地研究在上升气流及 Z_{DR} 柱内部水成物粒子在不同高度的分布特征；③分析 Z_{DR} 柱的演变特征；④定量分析 Z_{DR} 柱演变特征与其他量(回波顶高、最大的低层 Z_H、上升气流强度等)之间的关系；⑤揭示 Z_{DR} 柱与深对流降水之间的关系。

6.6 K_{DP} 的定义及物理解释

K_{DP} 的定义为传播差分相移距离变化的 1/2，Φ_{DP} 为前向传播雷达波在水平极化和垂直极化下的相位差，这种相位差是由于波在各向异性介质(如雨滴或小冰雹等非球形降水粒子)中传播而产生的。物理上，传播的雷达波是入射雷达波和粒子集合散射的波的总和。前向散射波通过介质(折射率 $n>1$)相对于入射波会产生 90° 与散射相移的总和。若粒子浓度越大，前向散射波对总相移的贡献越大，因此相对于自由传播波的相移也就越大。

在水平和垂直极化下，由于近场相互作用，非球形粒子的相移是不同的，同样的近场相互作用导致非零 Z_{DR}(Kumjian，2018)。因此，对于给定浓度的粒子，那些具有更极端长宽比和/或更大介电常数的粒子将导致更大的相移(从而导致更大的 K_{DP})。

与散射理论一致的是经常观测到异常大的 K_{DP} 和差分衰减两者都与采样体积中粒子的综合前向散射系数有关。

K_{DP} 与水平极化和垂直极化时前向散射系数实部的差异成正比，而 A_{DP} 与虚部的差异成正比。两者都与采样体积中非球形粒子的数量浓度成正比。对于水成物粒子，正散射振幅的实部和虚部常常一起增大，以增大颗粒尺寸。K_{DP} 会随着非球形粒子尺度的增加而增大。

前向散射振幅的虚部越大，表明散射相移越大，会使前向散射波的相位滞后增大到 90°

以上。考虑极端情况是有指导意义的：对于前向散射振幅的零虚部(即散射振幅完全为实部)，来自一组粒子的前向散射波相对于入射波滞后 90° 相位；对于完全虚部的散射振幅，前向散射波相对于入射波相位滞后 180°。在后一种情况下，正向散射波破坏性地干扰入射波，降低其强度。因此，前向散射振幅的虚部可以被认为是破坏性地干扰入射波的部分。这是光学定理的物理解释。

6.7　不同 CCN 浓度环境条件下的 Z_{DR} 柱

在高 CCN 浓度的模拟环境中，强不稳定层结导致内陆强对流天气发生时，由于初始云滴尺度较小，导致其成为云滴的时间亦被延后，真正的雨滴在倾斜的上升气流中部形成的，在增长的过程中会降落，而其中的一些有机会重新进入上升气流，并进一步通过碰并云滴而增长到更大的尺度，这一过程将导致 0℃层以上 Z_{DR} 的增加；随着大雨滴的增长，它们在上升气流中降落，Z_{DR} 柱在垂直方向上扩展；随着天气过程的发展，冰相粒子融化，Z_{DR} 柱的中的 Z_{DR} 进一步增加(大于 1dB)，进而延伸至海平面以上 6km 的高度。

在高 CCN 浓度环境中，初始雨滴尺度较小，对 Z_{DR} 柱的贡献小；随着过程的发展，小雨滴在高云水含量的环境中迅速增长，进而使得 Z_{DR} 由上至下地延伸。在继续发展的过程中，大雨滴与冰雹开始降落，进而导致 Z_{DR} 柱消失；在这个过程中冰雹增长，雨滴减小，由于增长的冰雹更大更湿使得 Z_H 增大，而液滴及冻滴会使 Z_{DR} 增加；因此 Z_{DR} 柱的产生需要有足够强的上升气流，且高度足够低，以使更大的雨滴上浮，进而维持 Z_{DR} 柱的存在。

6.8　Z_{DR} 柱的演变特征

最高的 Z_{DR} 值在柱内，其中的水成物粒子主要是雨滴与冻滴，而冰相粒子则主要在 Z_{DR} 柱的左侧，且云水含量与上升气流速度高度相关；冻滴可上升至 0℃层以上 3km 的高度，当冻滴完全冻结后即转变为冰雹。

在 Z_{DR} 柱的上部主要是冻雨滴，冰雹在降落过程中，云中含水量较高。由观测也可知，Z_{DR} 柱的上部才会存在冰雹，而下部则主要为雨。

成熟阶段 Z_{DR} 柱内，水成物粒子近地面处主要为大雨滴(1km)，再往上为小雨滴(2km)(而云水含量的峰值与上升气流相对应)，在这两个高度之上则存在一些小雹(3km)，在 4km 的高度才存在一些大雹与大的冻滴，而在 5km 的高度则主要为雨滴，在 6km 的高度水成物粒子基本与 5km 高度处的相同。0℃层以上 Z_{DR} 柱的体积与地面的 Z_H 成正比，2dB Z_{DR} 柱的等值线最大高度与强上升气流高度相关，最大的上升气流在 Z_{DR} 柱的上方。在成熟的 Z_{DR} 柱内，液滴的尺度存在双峰分布的特征，其中云滴与大雨滴同时存在。在 Z_{DR} 柱的消散阶段，Z_{DR} 柱内大雹迅速增长；而大冰雹的降落则带来了 Z_{DR} 柱的消亡。

Picca 等(2010)的研究认为 0℃层以上 Z_{DR} 柱总量的增加与地表附近 Z_H 的增加呈正相关；而 2dB 等值线的最大高度与该高度的垂直速度呈正相关。最大的上升气流速度在 Z_{DR} 柱之上，因此较高的 Z_{DR} 柱与较强的上升气流相联系。

在观测中，较宽的 Z_{DR} 柱可指示潜在大的危害性冰雹；此外由于风暴单体存在气旋性的涡度，进而会破坏 Z_{DR} 柱水平形状，使其弯曲或呈环状，这种形状上的变化也可指示风暴的强度。

Z_{DR} 柱在深对流风暴的研究中是十分重要的偏振参量，Z_{DR} 柱的生命期(发展、成熟、消散)与其微物理结构的变化有着密切的联系。Z_{DR} 柱代表着在 0℃层以上大雨滴的增长及向上输送；当上升气流速度与下落速度相当时，雨滴便悬浮在空中，并收集上升的云滴与雨滴而迅速长大，大于 4～5mm 的雨滴在这样的环境下增长的速度很快，最终降落下来，并使得 Z_{DR} 柱的范围自上而下地延伸。

相比较而言，在强上升气流中较小的雨滴向上运动，并碰并增长，进而形成接近冷冻的 Z_{DR} 柱上半部分。当液滴上升至温度足够低的区域，它们核化并开始冻结；由于冻结并非瞬间发生的，这些部分冻结的液滴在厚度超过 1km 垂直层中只能停留数分钟。在 Z_{DR} 柱的上方，混合相态粒子将会减小相关系数 ρ_{hv}，但增加线性退偏振比 L_{DR}；完全冻结及悬浮粒子进一步的生长将导致冰雹与霰粒子的生成，但该增长有赖于上升气流中的增长条件。

当上升气流的核心上升或减弱，冰雹粒子增长到足够大并开始下落，在下落至上升气流的底部时遇到了向上运动的雨滴，这使得湿雹对反射率 Z_H 贡献明显，但使得 Z_{DR} 比大雨滴的还要小，进而导致 Z_{DR} 柱的消散。Z_{DR} 柱中冰雹下落，会产生下沉气流，并在 Z_{DR} 柱旁产生 Z_{DR} 洞，这会使得 Z_{DR} 柱存在的时间更加长久。

在成熟期 Z_{DR} 柱中的粒子在 0℃层以下以大雨滴为主，随着高度的增加，以冻滴与冰雹为主。

在 Z_{DR} 柱消散阶段，大冰雹(直径大于 2cm)的量明显增加，并从上升气流中落下使得 Z_{DR} 值减小，Z_{DR} 柱收缩。由于 Z_{DR} 柱的高度与上升气流的速度呈正相关，因此 Z_{DR} 柱的高度可以只指示雹暴强度及其严重程度。此外，Z_{DR} 柱的演变也可直接反映雹暴的演变特征，Z_{DR} 柱高度与地面显著降雹的出现有很强的滞后正相关。正是由于 Z_{DR} 柱有这样一些特点，其可用于识别上升气流的位置，并可以提供上升气流的强度信息。利用 Z_{DR} 柱外观的变化可以诊断雹暴的特征，特别是其可以给出比其他雷达参量(如 Z_H)更多的预警提前时间。Z_{DR} 柱可以追踪多单体(或合并多单体)中主导的上升气流。

6.9 Z_{DR} 柱的物理解析

双偏振雷达在冰雹研究中有重要的作用，特别是差分反射率 Z_{DR} 可以指示粒子的非球性。Z_{DR} 在环境温度 0℃以上相对较窄的区域内增加，即 Z_{DR} 柱，这在强雹暴的上升气流中可以发现。最大量级的 Z_{DR} 柱可以达到 4～6dB，其高度可以延伸至 0℃以上数公里的高度，且上升气流越强，则 Z_{DR} 柱就越高(Picca et al.，2010；Kumjian et al.，2012；Snyder et al.，2015)，其可以指示降雹的位置。

Z_{DR} 值不仅依赖粒子的形状，而且也与取向(倾角)有关；干冰雹与霰接近球形，在下落过程中翻滚并会旋转，干冰雹介于 0～1dB。

大雨滴是非球形的，其平均的倾角接近 0°，且变化并不大，因此大雨滴的 Z_{DR} 常会超过 2dB；这可以区别反射率同样较大且接近的两类粒子。

Kumjian 等(2014)认为污染云的上升气流中的 Z_{DR} 柱是大雨滴在上升气流中往复运动的结果，同时还认为 Z_{DR} 柱较低的部分为大雨滴，上部为冻滴及湿雹。最大的雨滴可能是大雪粒子或雹粒子融化后形成的。尽管雨滴存在碰撞破碎，但是大冰雹融化与脱落会产生直径超过 10mm 的雨滴。观测到的雨滴很少有超过 9mm(据说这样的雨滴中含有冰)。当雨滴大于 10mm 时就要考虑自然的破碎。实际上雨滴直径小于等于 8.2mm 产生的 Z_{DR} 比 10mm 的要小(对于 S 波段的雷达)。

1. 气溶胶、冰雹与 Z_{DR} 柱的关系

初始的 CCN 尺度分布可由式(6.2)给出，通常冰雹的形成首先是核化阶段(浸入冻结)，即：小于 80μm 液滴会冻结为板状粒子，更大的液滴则会冻结为冻滴。而冰雹在湿增长阶段，它会收集霰与冰晶，冰雹(或霰粒子)与冰晶之间不会发生碰并。

冰核的核化依赖相对冰面的过饱和度，各类冰晶的主要核化都有特定的温度区间(Takahashi et al.，1991)，Hallett 和 Mossop(1974)则提出了次生冰晶效应。

在冻结温度条件下，雪收集的过冷水冻结(即凇附水)，密度进一步增加。为了计算雪的密度，需要计算雪粒子上凇附水的质量，过冷水通过平流、混合，最终使雪粒子的质量确定下来。当雪粒子的密度超过 $0.2g \cdot cm^{-3}$，凇附水的雪便转变成霰。典型的霰粒子的密度为 $0.4g \cdot cm^{-3}$。液滴中的液水完全冻结，并通过湿增长转变为直径超过 1cm 的霰粒子。

冻滴、霰粒子及雹粒子的增长依赖温度、粒子尺度及凇附强度。如果过冷水粒子尺度或质量并不够大，那么液水则冻结在粒子表面，此为冰雹粒子的干增长。如果过冷水的质量足够大，其凇附的强度必然高，冻结产生的潜热会加热粒子表面至一定的阈值，会使液水膜留在粒子表面，此为冰雹粒子的湿增长，湿增长会改变粒子的粗糙度及形状。如果外部的液水及冰雹粒子的质量超过了阈值，液滴就会脱落(雪粒子上不会发生液滴脱落的现象)。除了有液滴的碰撞破碎，同时还存在自然破碎。最大的液滴破碎的可能性很高，特别是液滴的直径超过 8.2mm(8.2mm 液滴的生命期仅有 14s)时尤为如此。

在冰雹的湿增长阶段，冰雹表面的液水会水平隆起，使得冰雹粒子形状趋于椭球形，并导致 Z_{DR} 的增加；此外湿雹比干雹拥有更大的介电常数，这也会导致 Z_{DR} 的增加。

干冰雹的纵横比介于 1.0(最小的冰雹尺度)与 0.8(直径为 10mm 的冰雹)。较大的冰雹的纵横比随尺度的增加减小得并不快，小雹通常有较大的纵横比，大雹则有较小的纵横比。这对于理解 Z_{DR} 柱十分重要。

2. Z_{DR} 柱及其相关物理过程的模式模拟

模拟时云底温度为 17～18℃，云底高度约为 800m，存在强的垂直风切变与低空急流；冻结层高度为 3.3km，最大的冰雹尺度为 5cm；CCN 的浓度设置为 100～3000cm^{-3}。

由观测背景知识可知，Z_{DR} 最大值对应的是雨，其最大值介于 3～3.4dB；大雹对应的 Z_{DR} 值最小，Z_{DR} 值的减小与大雹以较大的下落速度降落至地面而没有时间融化有关；冻结层以下较大的冰雹 Z_{DR} 值较小，但 Z_H 则较大。S 波段雷达观测 Z_H 比 C 波段雷达观测的要大；但 Z_{DR} 的值则正好相反，S 波段雷达 Z_{DR} 值较低。从微物理的角度看，当最大的雨滴直

径超过 8.2mm 时便会发生自发的破碎；而直径为 10mm 的雨滴的数浓度十分低，因而不会发生碰撞破碎。雷达变量对于最大的粒子更为敏感，自发破碎将导致雨滴的 Z_H 出现 10dBZ 的减小，会使 Z_{DR} 从不真实的 10dB 降为真实的 3～3.5dB，因此液滴的自发破碎对于 Z_{DR} 也会有明显的影响。

1)在高 CCN 条件下 Z_{DR} 柱与冰雹形成的关系

在模拟中，气溶胶的初始浓度 $N_0 = 3000\text{cm}^{-3}$ 。

首先雨滴在上升气流约 6km 的高度，沿着边缘下沉，雨滴使得云中出现 Z_{DR} 柱，雨滴收集云滴继续增长，最大的 Z_{DR} 柱出现在 4～4.5km 的高度，雨滴被带到 0℃以上，并增长至直径为 6mm 左右。大雨滴可以被上升气流输送到较高的高度，这些雨滴会使得 Z_{DR} 大于 2dB，雨滴形成的过程与 Z_{DR} 云内上升气流中的增强相联系，这可能只是在污染的云中才会出现的现象。

冻滴会出现在 4.5km 的高度，在冻结层高度以上于高云水含量的环境下冻滴收集小的云滴；冻滴相对较大，直径会达到 1cm。完全冻结的冻滴会随上升气流运动至最高 9km 的高度，并形成冰雹。冰雹在下落的过程中会有一部分融化，并在 1.8～2km 可能会转变为雨滴。

在成熟期，最大的 Z_H 超过 65dBZ，这与冰雹有着直接的联系；强上升气流将雹粒子带到较高的高度，因此 Z_H 会较高(通常会超过 50dBZ)，并延伸至约为 10km 的高度，这些都是典型雹暴的特征，与此同时可以出现明显的 Z_{DR} 柱，其高度超过了 6km。

高浓度的小云滴是由高浓度的气溶胶存在而产生的。雹粒子在上升气流中最低可至 3km 的高度(温度要高于 0℃)；在深对流云较低的部位，这些冰雹粒子进入云内上升气流的辐合区。冻结的发生将会使得雨滴转变为冻滴，且上升气流中雨滴的浓度会随高度的上升而减小。

完全冻结的冻滴及小液滴的聚集将导致冰雹质量及尺度在上升气流中随高度而增加。在近地面处，最大的雨滴产生的 Z_{DR} 为 3dB。冻结层以上(冻结层以上 1km 处)最大的 Z_{DR} 约为 3.5dB。干冰雹的 Z_{DR} 不足 1dB，更高的 Z_{DR} 是在冰雹的湿增长阶段(冰雹增长时表面覆有液水膜)由含有液水的冰雹形成的。冰雹的增长主要是在湿增长阶段完成的，即便是在 6.5km 的高度，其直径超过 1cm，依然会以湿增长的形式继续长大。

Z_{DR} 柱上半部分是冰雹湿增长形成的；在 Z_{DR} 柱以上为冰雹干增长区域，Z_{DR} 随高度的增加而减小。

在融化层以下，小的雹粒子开始融化，这会使 Z_{DR} 增加。当冰雹降落至地面时，会出现 Z_{DR} 洞(Ryzhkov et al.，2011)，在这些区域大雹的 Z_H 可达到 65dBZ。

在高污染的条件下，5km 以下冰雹与冻滴中的液水含量较高，在 0℃以下冰雹中较高的液水含量表明其处于湿增长阶段；冻滴及冰雹的高液水含量是由过冷液滴的聚集造成的，这将迟滞液滴与冰雹的完全冻结。在融化层以下冰雹中液水含量较高不会导致 Z_{DR} 的升高，因为其实际上是由小雹快速融化造成的。

冰雹的 Z_{DR} 将增加 Z_{DR} 柱(高度可至 6.5km，−18.5℃)上半部分的值。另外在云的边缘处也可以看到 Z_{DR} 的增加，这是降落的冰雹收集液滴形成的。

冻滴产生 Z_{DR} 的值为 2～3dBZ，对应的厚度为 4～6.5km(−18.5～−2℃)，各类水成物粒子造成的 Z_{DR} 柱可延伸至 6.5km 的高度。Z_{DR} 柱在冰雹降落至地面前 15～20min 便出现了。当 CCN 的浓度为 3000cm^{-3} 时，冰雹的地面降雹量可至 0.14mm。

冰雹对于 Z_H 的贡献主要在 Z_{DR} 柱上半部分(高于 5km 处)，融化层以下主要是雨，其是 Z_H 的主要贡献者。

2) 在低 CCN 条件下 Z_{DR} 柱与冰雹形成的关系

在模拟中，气溶胶的初始浓度 $N_0 = 100\text{cm}^{-3}$ 。

云水浓度最大值仅为污染状态下的一半，即约为 1.3g·m^{-3}(在 4km 处)。

由于是较低 CCN 浓度，云滴相对较大，雨滴则在上升气流较低或接近冻结处形成，这些雨滴没有参加冰相微物理过程就已降落至地面。超过 0℃层会冻结转变为冻滴，由于过冷的云水含量低，过冷水的聚集会变得无效，这会使冻滴快速冻结，并随后转变为雹。

由于雹粒子及冻滴相对较小，它们会比在污染状态传播的范围更广。

在清洁状态下，冻结层以上的总冰雹质量比污染状态下的大。在清洁状态下，冰雹质量含量的最大值是污染状态的两倍多。由于雹粒子较小，它们会在融化层以下到达地面之前就快速融化了。

最大的 Z_H 为 55dBZ，这比污染状态下低 10dBZ。在清洁的状态下 8km 以上 Z_H 快速减小，但在污染的状态下 Z_H 至 10km 的位置依然很大。反射率最大值主要与雨滴有关，但在污染状态下则主要与冰雹有关。在清洁状态下没有形成明确的 Z_{DR} 柱，只在 0℃以上有少许的增加。由于液滴的冻结，最大液滴的浓度分布随高度的增加而快速减少。

由于缺乏过冷液滴，冻滴快速冻结形成冰雹的尺度直径不会超过 1.3cm，这远比于污染状态下的 4～5cm 小很多，且冻结滴的尺度较小。

冻滴及冰雹的湿增长只出现在 0℃附近，在 5km 的高度，冰雹及所有水成物粒子在缺少过冷水的状态下呈现出干增长的状态。由于 Z_{DR} 主要是由干冰雹形成的，其于 4km 的高度值较小。在清洁的状态下，并没有形成明确的 Z_{DR} 柱。

Z_{DR} 柱的高度定义为 0℃与 Z_{DR}≥1dB 最大高度之间的距离。在高气溶胶条件下，Z_{DR} 柱实际上较大，其 1dBZ 与 2dBZ 的等值线比清洁状态下的高 1～1.5km。污染状态下，最大垂直速度比清洁状态下高 5～10m·s^{-1}，较高的垂直速度反映了液滴扩散增长及冻滴与冰雹收集液滴冻结时所释放的较高的潜热，这些过程也被称为“激发对流”。因此，Z_{DR} 有赖于气溶胶的浓度。

3) Z_{DR}、垂直速度与冰雹参数的关系

通常较低的 CCN 的个例中对应的 Z_{DR} 柱也较小，同时对应的上升速度也相对较慢，反之亦然。Z_{DR} 柱可被用于评估垂直速度及垂直速度廓线。

自发的雨滴破碎会使 Z_H 的最大值降低 10dBZ、Z_{DR} 降低 3dB，因而冰雹对于总雷达回波 Z_H 及 Z_{DR} 会增大。冰雹产生的 Z_{DR} 有赖于雹粒子中的液水，其与冰雹的增长模式有关，干增长中 Z_{DR} 低于 1dB(干冰雹有较大的纵横比，会出现更明显的随机翻滚)，湿增长中的 Z_{DR} 会高于 6dB(湿增长阶段液水表面会隆起)。

气溶胶在云微物理中有着重要的作用，当气溶胶的浓度较高且过冷云水含量较高时，冰雹的湿增长便会较为活跃，特别是在 6km 以上的高度尤为如此。过冷液水的聚集将延迟冻滴的完全冻结，并增大冻滴及冰雹的尺度。高的凝结核浓度将会导致高的 Z_{DR} 柱及高的 Z_{DR} 值。

在低气溶胶浓度的状态下，过冷液水含量也较低，冰雹的凇附增长不明显，冻结在冰雹表面的液水量较少；冰雹与冻滴增长缓慢，主要为干增长过程。最大 Z_{DR}、Z_{DR} 柱与垂直速度、冰雹质量、冰雹尺度有着密切的关系。

气溶胶的动力机制与微物理机制存在“协同效应”。云内上升气流中过冷液滴浓度与质量的增加决定了冰雹快速增长的区域，冰雹对过冷水的凇附导致通过冻结释放的潜热增加，并相应地增加上升气流的垂直速度，受此影响，垂直速度的增加会产生更多的过冷水。

3. 依赖介电系数的 Z_{DR} (Z_H/Z_V)

球形粒子在其主轴 a 和主轴 b 方向上的雷达截面可定义为

$$\sigma_{a,b} = 4\pi\left|s_{a,b}\right|^2 \tag{6.3}$$

如果入射波的电场矢量平行于水成物粒子的对称轴，s_a 为散射振幅；如果电矢量垂直于对称轴，s_b 为散射振幅。

粒子的差分反射率可以定义为

$$Z_{DR} = \frac{\sigma_b}{\sigma_a} = \frac{\left|s_b\right|^2}{\left|s_a\right|^2} \tag{6.4}$$

如果水成物粒子(可看作扁球体或长球体)的尺度相对于雷达波长较小，而散射振幅简单的分析公式可由瑞利近似得到，具体如下：

$$s_{a,b} = \frac{\pi^2 D^3}{6\lambda^2}\frac{1}{L_{a,b} + \frac{1}{\varepsilon - 1}} \tag{6.5}$$

其中，$D=(ab^2)^{1/3}$ 为粒子的等体积直径(a 是粒子的旋转轴)；ε 为介电常数；L_a 及 L_b 为形状参数，对于扁球体(a<b)则有

$$L_a = \frac{1+f^2}{f^2}\left(1-\frac{\arctan f}{f}\right), f = \sqrt{\frac{b^2}{a^2}-1} \tag{6.6}$$

$$L_b = \frac{1-L_a}{2} \tag{6.7}$$

对于长球体(a>b)则有

$$L_a = \frac{1-e^2}{e^2}\left[\frac{1}{2e}\ln\left(\frac{1-e}{1-e}\right)-1\right], e = \sqrt{1-\frac{b^2}{a^2}} \tag{6.8}$$

$$L_b = \frac{1-L_a}{2} \tag{6.9}$$

对于球体(a=b)则有

$$L_a = L_b = 1/3 \tag{6.10}$$

$$s_a^{(\pi)} = s_b^{(\pi)} = \frac{\pi^2 D^6}{2\lambda^2}\frac{\varepsilon - 1}{\varepsilon + 2} \tag{6.11}$$

而相应地，$\sigma_a = \sigma_b = \dfrac{\pi^5 D^6}{\lambda^4}\left|\dfrac{\varepsilon - 1}{\varepsilon + 2}\right|^2$，雷达截面(或雷达反射率 Z，其与 σ 成正比)是 ε 的函数。对于非球形粒子而言：

$$Z_{\mathrm{DR}} = \frac{\left|(\varepsilon - 1)L_a + 1\right|^2}{\left|(\varepsilon - 1)L_b + 1\right|^2} \tag{6.12}$$

很显然，差分反射率有赖于介电常数，以及形状参数 $L_{a,b}$，对于球形粒子而言 $L_a = L_b$，$Z_{\mathrm{DR}} = 1$。当水成物粒子为干雪时，$|\varepsilon - 1|$ 趋近于 0，因而 $|\varepsilon - 1|L_{a,b} \ll 1$，$Z_{\mathrm{DR}}$ 则接近于 1。当介电常数很大时，Z_{DR} 则接近上限(L_a/L_b)^2。因此云滴相对于同样形状的雪和霰粒子具有较高的 Z_{DR} 值。

4. 雷达偏振参量的计算基础

由于双偏振雷达对云中水成物粒子识别及降水测量有着重要的作用，因此其已逐渐成为不可或缺的天气监测设备。双偏振雷达观测还可以通过微物理参数化为云模拟，及通过雷达资料的同化为数值天气预报提供有利的支撑。而云模式对于定量评估及解析偏振雷达参量，以及验证偏振雷达水成物粒子识别算法都是十分重要的工具，特别当在风暴区域内进行直接的验证较为困难或不可能时，云模式的优势就显得更加突出。

利用云模式的输出结果计算雷达的偏振参量，最初利用了具有云微物理总体参数化的云模式(其中各类水成物粒子的分布为指数分布或伽马分布)；通过简化，微物理方程被减少至单参(质量)或双参(质量与浓度)。一些偏振参量可以将水成物粒子的融化冻结及粒子的尺度分类联系起来，并通过参数化方案在一定程度上定性地分析它们之间的关系。例如，Jung 等(2010)利用双参微物理方案模拟了超级单体风暴中的偏振雷达参量，并与一些真实的超级单体雷暴进行了对比，结果表明模拟偏振参量的位置、形状及强度与观测结果较为一致。然而在定量(有时甚至是定性)反演雷达偏振参量时都会面临一定的困难。

众所周知，水成物粒子的雷达偏振参量有赖于其尺度、形状、取向及介电常数(与粒子的密度及含水量有关)。对于给定的水成物粒子(雨、雪、雹或霰)而言，所有偏振参量的定量分布都与粒子的尺度谱密切相关。水成物粒子的散射特性有赖于雷达波长。雷达变量对于水成物粒子密度、含水量及其谱分布的变化非常敏感，而整体模式中很难把握这些特征。多数雷达参量(反射率 Z、差分反射率 Z_{DR}，特别是相关系数)是由粒子尺度分布尾部(或高阶矩)所决定的。上升气流及风切变造成明显水成物粒子的尺度分类，且其不能以指数或伽马分布进行相应的描述，因此单参或双参微物理方案不能很好地描述云中的微物理过程，尤其是当云中存在水成物粒子的下沉、融化、冻结、蒸发等会造成其重新分布的过程尤为如此；而云中的各类微物理过程对于雷达也会有明显的影响。

整体模式通常会低估偏振信号，如融化层或粒子尺度重组活跃区域 Z_{DR} 的观测值通常比整体模式的模拟值高；而观测的相关系数 ρ_{hv} 比模拟的低。因此分档的微物理方案在这些方面会有一定优势。

偏振雷达观测算子与云模式相结合可以计算雷达的偏振参量。该算子可以计算 5 个雷达变量，即雷达反射率因子 Z、差分反射率 Z_{DR}、特征差分传播相移 K_{DP}、相关系数 ρ_{hv} 及线性退偏振比 L_{DR}。

1) 水成物粒子和散射模式

水成物粒子可以被模拟为扁椭球体或长椭球体，其中充满水、固态冰及空气，并被水或冰所包裹。每一类水成物粒子均有其自身的等体积直径 $D=\left(ab^2\right)^{1/3}$，其中 a 为球体的对称轴、b 为横轴；对于扁球体 $a<b$，对于长球体 $b>a$。通常为了简化，粒子的内外层的纵横比被认为是相同的。

单个粒子的散射有赖于其尺度、形状、取向、相态、温度及雷达波长。在计算水成物粒子的雷达变量时的关键假设是任意取向粒子的散射特性可由与粒子两个轴相对应的散射振幅 f_a、f_b 来表示(当电磁波的电矢量分别与 a、b 轴指向相同)。

如果粒子的尺度远小于雷达波长，复杂的散射振幅可利用瑞利近似分析公式进行计算，也可以更复杂的 ***T*** 矩阵代码进行计算。计算方案的选取取决于共振参数的量级。

$$RP = D|\varepsilon|^{1/2} / \lambda \tag{6.13}$$

其中，ε 为介电常数；λ 为雷达波长。通常而言，***T*** 矩阵代码可用于所有尺度的粒子，但是其与简单的瑞利方程可以极大地缩减计算量。

瑞利方程与 ***T*** 矩阵代码都需要将等体积直径 D、内核直径 D_i (对于具有两层的粒子而言)、纵横比 $r=a/b$，雷达波长 λ，以及介电常数 ε 作为输入参数。每类物理介质都有复杂的介电常数或介电率：

$$\varepsilon = \mathrm{Re}\left(\varepsilon\right) + j\mathrm{Im}(\varepsilon) \tag{6.14}$$

其中，$\mathrm{Re}\left(\varepsilon\right)>0$，$\mathrm{Im}\left(\varepsilon\right)<0$。

2) 介电常数的计算

大气中的水成物粒子主要由水、冰、空气组成，其介电常数有赖于纯水 ε_w、固态冰 ε_i (冰的密度为 $0.92\mathrm{g}\cdot\mathrm{cm}^{-3}$) 及空气 ε_a 的介电常数。

空气的介电常数有赖于大气的压强、湿度及温度。各地区介电常数有一定的差异，这种差异对大气折射有影响，但在计算散射振幅时可以忽略不计。通常认为 $\varepsilon_a=1$。

雷达变量对于介电常数是较为敏感的，特别是对于云中的水成物粒子而言，其介电常数通常有较大的变化范围，因此准确地估算云中水成物粒子的介电常数尤为重要。

(1) 干雪、霰、雹的介电常数。干雪是空气、固态冰的混合物，其介电常数有赖于冰与空气所占的份数(或者雪的密度)。按照 Maxwell-Garnett (1904) 的混合方程，干雪的介电常数由冰的体积份数 f_{vi}、固态冰与空气的介电常数 ε_i 与 ε_a 所决定，具体如下：

$$\varepsilon_s = \varepsilon_a \left(\frac{1+2f_{vi}\dfrac{\varepsilon_i-\varepsilon_a}{\varepsilon_i+2\varepsilon_a}}{1-f_{vi}\dfrac{\varepsilon_i-\varepsilon_a}{\varepsilon_i+2\varepsilon_a}} \right) \tag{6.15}$$

干雪中冰的体积分数可由雪与冰的密度来表示，其中雪的密度可由下式表示：

$$\rho_s = f_{vi}\rho_i + (1 - f_{vi})\rho_a \tag{6.16}$$

其中，ρ_i 与 ρ_a 分别为冰与空气的密度，因此有

$$f_{vi} = \frac{\rho_s - \rho_a}{\rho_i - \rho_a} \approx \frac{\rho_s}{\rho_i} \tag{6.17}$$

若 $\varepsilon_a \approx 1$，则有

$$\varepsilon_s = \frac{1 + 2\dfrac{\rho_s\varepsilon_i - 1}{\rho_i\varepsilon_i + 2}}{1 - \dfrac{\rho_s\varepsilon_i - 1}{\rho_i\varepsilon_i + 2}} \tag{6.18}$$

而上式也可以改写为德拜(Debye)的形式：

$$\frac{\varepsilon_s - 1}{\varepsilon_s + 2} = \frac{\rho_s}{\rho_i}\frac{\varepsilon_i - 1}{\varepsilon_i + 2} \tag{6.19}$$

(2)湿雪的介电常数。湿雪的介电常数同样也是有赖于雪的密度、雪板中水的体积份数。雪板中融化产生的水分布于其中也会影响其介电常数。

有两个可以用来计算湿雪的介电常数的 Maxwell-Garnett 方程，当雪是主要的部分，而水只是其中的内含物时，则有

$$\varepsilon_{\mathrm{ws}}^{(1)} = \varepsilon_{\mathrm{s}}\left(\frac{1 + 2f_{\mathrm{vw}}\dfrac{\varepsilon_{\mathrm{w}} - \varepsilon_{\mathrm{s}}}{\varepsilon_{\mathrm{w}} + 2\varepsilon_{\mathrm{s}}}}{1 - f_{\mathrm{vw}}\dfrac{\varepsilon_{\mathrm{w}} - \varepsilon_{\mathrm{s}}}{\varepsilon_{\mathrm{w}} + 2\varepsilon_{\mathrm{s}}}}\right) \tag{6.20}$$

当水是主要的部分，而雪只是其中的内含物时，则有

$$\varepsilon_{\mathrm{ws}}^{(2)} = \varepsilon_{\mathrm{w}}\left[\frac{1 + 2(1 - f_{\mathrm{vw}})\dfrac{\varepsilon_{\mathrm{s}} - \varepsilon_{\mathrm{w}}}{\varepsilon_{\mathrm{s}} + 2\varepsilon_{\mathrm{w}}}}{1 - (1 - f_{\mathrm{vw}})\dfrac{\varepsilon_{\mathrm{s}} - \varepsilon_{\mathrm{w}}}{\varepsilon_{\mathrm{s}} + 2\varepsilon_{\mathrm{w}}}}\right] \tag{6.21}$$

其中，ε_{w} 为水的介电常数；f_{vw} 为融化的雪板中水的体积份数。在同样的水的体积份数条件下，以上两个公式得到的结果是不同的，前者适用于较低的水体积份数的条件，后者则适用于较高的水体积份数的条件。事实上也可以将二者结合起来使用，则有

$$\varepsilon_{\mathrm{ws}} = \frac{1}{2}\left[(1 + \tau)\varepsilon_{\mathrm{ws}}^{(1)} + (1 - \tau)\varepsilon_{\mathrm{ws}}^{(2)}\right] \tag{6.22}$$

其中

$$\tau = \mathrm{Erf}\left(2\frac{1 - f_{\mathrm{vw}}}{f_{\mathrm{vw}}} - 1\right)，当\ f_{\mathrm{vw}} > 0.01 \tag{6.23}$$

其中，Erf 为误差函数。

(3)湿霰-冰雹的介电常数。在冰雹的湿增长阶段，由于水积累于冰雹表面，其质地并不均匀；干冰雹的初始密度(或霰)小于固态冰的($0.92\mathrm{g \cdot cm^{-3}}$)，但在雹的融化增长阶段，冰雹的质地是均匀的，因此冰雹可认为具有两层结构，其分别可以 ε_{w} 及 $\varepsilon_{\mathrm{ws}}^{(1)}$ 来计算。

3）水的体积份数

在热动力模式中，固态粒子融化可以产生降水，其中水的体积份数可由下式表示：

$$f_{\mathrm{vw}} = \frac{\rho_{\mathrm{s}} f_{\mathrm{mw}}}{\rho_{\mathrm{w}} - \rho_{\mathrm{w}} f_{\mathrm{mw}} + \rho_{\mathrm{s}} f_{\mathrm{mw}}} \tag{6.24}$$

其中，ρ_{s} 是干雪或霰的密度，$\rho_{\mathrm{w}} = 1.0\mathrm{g \cdot cm^{-3}}$ 是水的密度。

水成物粒子的纵横比计算如下。

（1）雨滴的纵横比。雨滴的纵横比是等体积直径的函数（Brandes et al.，2001）：

$$r_{\mathrm{w}} = 0.9951 + 0.02510D - 0.03644D^2 + 0.005303D^3 - 0.000249D^4 < 1 \tag{6.25}$$

其中，D 的单位为 mm。

（2）冰晶的纵横比。不同冰晶的纵横比为

$$h = cL^d \tag{6.26}$$

其中，h 为冰晶较小的尺度；L 为冰晶较大的尺度；c 与 d 分别为冰晶的类型参数（Matrosov et al.，1996）

（3）干聚合雪板、干霰（雹）的纵横比。干聚合雪板的纵横比介于 0.6～0.8，低密度聚合物的纵横比对于雷达变量的影响较小，通常可以取 0.8。

干霰（雹）的纵横比（r_{gh}）介于 0.6～0.9（Straka et al.，2000）。由于干霰（雹）在其下落过程中会出现翻转，Ryzhkov 等（2011）用了如下的假设：

$$r_{\mathrm{gh}} = 1.0 - 0.02D, D < 10\mathrm{mm} \tag{6.27}$$

$$r_{\mathrm{gh}} = 0.8, D < 10\mathrm{mm} \tag{6.28}$$

（4）融化冰晶与雪的纵横比。如果冰晶或雪融化为直径为 D 的雨滴，在融化过程中纵横比随着水的体积份数而变化：

$$r_{\mathrm{m}} = r_{\mathrm{ds}} + f_{\mathrm{mw}}(r_{\mathrm{w}} - r_{\mathrm{ds}}) \tag{6.29}$$

其中，r_{ds} 为干雪的纵横比；r_{w} 为直径为 D 的雨滴的纵横比（其为冰雪融化后产生的）。

（5）融化霰或雹的纵横比。融化霰或雹的纵横比可由实验得到的线性近似得到：

$$r_{\mathrm{m}} = r_{\mathrm{gh}} - 5.0\left(r_{\mathrm{gh}} - 0.8\right) f_{\mathrm{mw}}, f_{\mathrm{mw}} < 0.2 \tag{6.30}$$

$$r_{\mathrm{m}} = 0.88 - 0.4 f_{\mathrm{mw}}, 0.2 \leqslant f_{\mathrm{mw}} \leqslant 0.8 \tag{6.31}$$

$$r_{\mathrm{m}} = 2.8 - 4.0 r_{\mathrm{w}} + 5.0\left(r_{\mathrm{w}} - 0.56\right) f_{\mathrm{mw}}, f_{\mathrm{mw}} > 0.8 \tag{6.32}$$

4）角动量

雷达偏振参量有赖于水成物粒子的取向（水成物粒子取向详见图 6.2）。粒子取向分布在云模式中无法直接获得，Ryzhkov（2001）给出：

$$A_1 = \left\langle \sin^2\psi \cos^2\alpha \right\rangle \tag{6.33}$$

$$A_2 = \left\langle \sin^2\psi \sin^2\alpha \right\rangle \tag{6.34}$$

$$A_3 = \left\langle \sin^4\psi \cos^4\alpha \right\rangle \tag{6.35}$$

$$A_4 = \left\langle \sin^4\psi \sin^4\alpha \right\rangle \tag{6.36}$$

$$A_5 = \left\langle \sin^4\psi \cos^2\alpha \sin^2\alpha \right\rangle \tag{6.37}$$

$$A_6 = \left\langle \sin^2\psi \sin 2\alpha \right\rangle \tag{6.38}$$

$$A_7 = A_1 - A_2 = \left\langle \sin^2\psi \cos 2\alpha \right\rangle \tag{6.39}$$

其中，ψ、α 为与偏振平面、粒子对称轴、波的传播方向有关的角度，决定着粒子的平均取向。

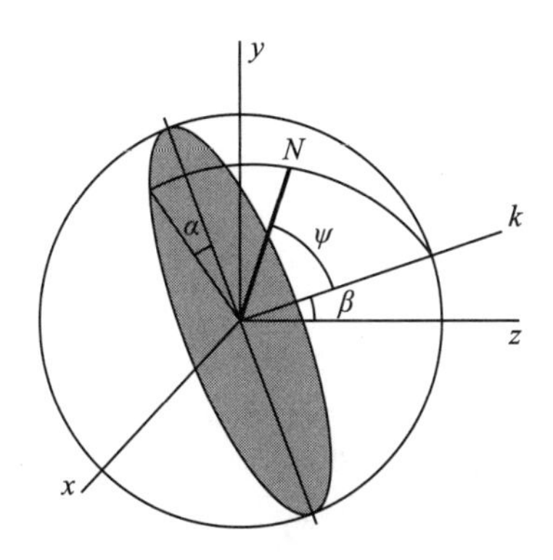

图 6.2　散射示意图

注：阴影平面为偏振平面；N 为粒子的对称轴取向；k 为垂直于偏振平面的波的传播方向；N 在偏振平面的投影形成了倾角 α；β 为雷达天线的仰角。

(1) 水成物粒子的取向完全混乱：

$$A_1 = A_2 = \frac{1}{3} \tag{6.40}$$

$$A_3 = A_4 = \frac{1}{5} \tag{6.41}$$

$$A_5 = \frac{1}{15} \tag{6.42}$$

$$A_6 = A_7 = 0 \tag{6.43}$$

(2) 在同一个平面内随机取向：

$$A_1 = \frac{1}{2}\sin^2\beta \tag{6.44}$$

$$A_2 = \frac{1}{2} \tag{6.45}$$

$$A_3 = \frac{3}{8}\sin^2\beta \tag{6.46}$$

$$A_4 = \frac{3}{8} \tag{6.47}$$

$$A_5 = \frac{1}{8}\sin^2\beta \tag{6.48}$$

$$A_6 = 0 \tag{6.49}$$

$$A_7 = -\frac{1}{2}\cos^2\beta \tag{6.50}$$

这适用于长椭球体形的水成物粒子。

(3) 二维轴对称高斯分布的取向如下。

分布形式为

$$p(\psi,\alpha) = \frac{1}{2\pi\sigma\sigma_\alpha}\exp\left[-\frac{(\psi-\langle\psi\rangle)^2}{2\sigma^2} - \frac{(\alpha-\langle\alpha\rangle)^2}{2\sigma_\alpha^2}\right] \tag{6.51}$$

其中，$\langle\psi\rangle$、$\langle\alpha\rangle$ 决定了粒子的平均取向；σ 与 $\sigma_\alpha = \sigma / \sin\langle\psi\rangle$ 沿 ψ 与 α 方向的角度分布宽度。如果 $\langle\alpha\rangle = 0$，$\langle\psi\rangle = \frac{\pi}{2}$，

$$A_1 = \frac{1}{4}(1+r)^2 \tag{6.52}$$

$$A_2 = \frac{1}{4}(1-r)^2 \tag{6.53}$$

$$A_3 = \left(\frac{3}{8} + \frac{1}{2}r + \frac{1}{8}r^4\right)^2 \tag{6.54}$$

$$A_4 = \left(\frac{3}{8} - \frac{1}{2}r + \frac{1}{8}r^4\right)\left(\frac{3}{8} + \frac{1}{2}r + \frac{1}{8}r^4\right) \tag{6.55}$$

$$A_5 = \frac{1}{8}\left(\frac{3}{8} + \frac{1}{2}r + \frac{1}{8}r^4\right)(1-r^4) \tag{6.56}$$

$$A_6 = 0 \tag{6.57}$$

$$A_7 = \frac{1}{2}r(1+r) \tag{6.58}$$

其中，$r = \exp(-2\sigma^2)$（σ 为弧度），这适用于扁椭球形的水成物粒子。

$$\sigma = \sigma_s + f_{mw}(\sigma_r - \sigma_s) \tag{6.59}$$

其中，σ_r 为雨滴倾角分布宽度；σ_s 为冰相粒子倾角分布宽度。

5) 水成物粒子的均一模式与两层模式的差异

融化包裹有水膜的霰与雹并不是质地均一的水成物粒子。在雪板早期融化的阶段，融化的水主要集中在粒子的边缘。有证据表明，融化雪板的非均一模型的应用在 0℃层中产生的雷达反射率更接近真实的状态。因此，评估均一质地与“水膜混合相”水成物粒子的散射振幅及雷达特征参量的差异是非常必要的。

差分反射率与水质量分数有着密切的关系；对于有水膜的粒子而言，差分反射率比同样含水量的海绵粒子的高。

6) 雷达变量的计算

利用云模式的输出量可以计算雷达变量，这主要包括：雷达反射率因子 Z_h（水平偏振）、差分反射率 Z_{DR}、特征差分传播相移 K_{DP}、线性退偏振比 L_{DR}、交叉相关系数 ρ_{hv}；如果在模式的同一个分辨率空间内同时存在 M 种不同的水成物粒子，进而可以得到了以下雷达变

量(Ryzhkov，2001；Jung et al.，2010)：

$$Z_{\mathrm{h}}=\frac{4\lambda^4}{\pi^4|K_{\mathrm{w}}|^2}\sum_{i=1}^{M}\int_0^\infty\left\{\left|f_{bi}^{(\pi)}\right|^2-2\mathrm{Re}\left[f_{bi}^{(\pi)^*}\left(f_{bi}^{(\pi)}-f_{ai}^{(\pi)}\right)\right]A_{2i}+\left|f_{bi}^{(\pi)}-f_{ai}^{(\pi)}\right|^2A_{4i}\right\}N_i(D)\mathrm{d}D \tag{6.60}$$

$$Z_{\mathrm{v}}=\frac{4\lambda^4}{\pi^4|K_{\mathrm{w}}|^2}\sum_{i=1}^{M}\int_0^\infty\left\{\left|f_{bi}^{(\pi)}\right|^2-2\mathrm{Re}\left[f_{bi}^{(\pi)^*}\left(f_{bi}^{(\pi)}-f_{ai}^{(\pi)}\right)\right]A_{1i}+\left|f_{bi}^{(\pi)}-f_{ai}^{(\pi)}\right|^2A_{3i}\right\}N_i(D)\mathrm{d}D \tag{6.61}$$

$$Z_{\mathrm{dr}}=Z_{\mathrm{h}}/Z_{\mathrm{v}} \tag{6.62}$$

$$L_{\mathrm{dr}}=\frac{4\lambda^4}{\pi^4|K_{\mathrm{w}}|^2}\frac{\sum_{i=1}^{M}\int_0^\infty\left|f_{bi}^{(\pi)}-f_{ai}^{(\pi)}\right|^2A_{5i}N_i(D)\mathrm{d}D}{Z_{\mathrm{h}}} \tag{6.63}$$

$$K_{\mathrm{DP}}=\frac{0.18\lambda}{\pi}\sum_{i=1}^{M}\int_0^\infty\mathrm{Re}\left(f_{bi}^{(0)}-f_{ai}^{(0)}\right)A_{7i}N_i(D)\mathrm{d}D \tag{6.64}$$

$$\rho_{\mathrm{hv}}=\frac{4\lambda^4}{\pi^4|K_{\mathrm{w}}|^2}\frac{\left|\sum_{i=1}^{M}\left[\left|f_{bi}^{(\pi)}\right|^2+\left|f_{bi}^{(\pi)}-f_{ai}^{(\pi)}\right|^2A_{5i}-f_{bi}^{(\pi)^*}\left(f_{bi}^{(\pi)}-f_{ai}^{(\pi)}\right)A_{1i}-f_{bi}^{(\pi)}\left(f_{bi}^{(\pi)^*}-f_{ai}^{(\pi)^*}\right)A_{2i}\right]N_i(D)\mathrm{d}D\right|}{(Z_{\mathrm{h}}Z_{\mathrm{v}})^{1/2}} \tag{6.65}$$

式中，$K_{\mathrm{w}}=|\varepsilon_{\mathrm{w}}-1|/|\varepsilon_{\mathrm{w}}+2|$，$Z_{\mathrm{h}}$ 与 Z_{v} 的单位是 $\mathrm{mm}^6\cdot\mathrm{m}^{-3}$，$K_{\mathrm{DP}}$ 的单位为(°)/km；雷达波长与散射振幅的单位为 mm；$N_i(D)$ 的单位为 $\mathrm{m}^2\cdot\mathrm{mm}^{-1}$，下角标 i 指代水成物粒子的种类。

$$Z_{\mathrm{H}}=10\log(Z_{\mathrm{h}}) \tag{6.66}$$

$$Z_{\mathrm{DR}}=10\log(Z_{\mathrm{dr}}) \tag{6.67}$$

$$L_{\mathrm{DR}}=10\log(L_{\mathrm{dr}}) \tag{6.68}$$

分档云模式中太大的粒子不适于模拟雷达变量，因为这些大粒子可能会与电磁波发生共振。

7)HUCM 模式的应用

雷达偏振参量的计算被植入 HUCM(Hebrew Univercity Cloud Model bin microphysics，希伯来大学分档微物理云)模式，(Khain et al. 2004；Noppel et al. 2010)中。

(1)尺度分布。HUCM 模式是基于水滴、冰晶(板状、柱状及分枝)、聚合物、霰粒子、冰雹(或冻滴)，以及气溶胶粒子(可作为 CCN)的动能方程而建立的；其中可以模拟的最大冰雹直径为 6.8cm(最大下落速度为 $57\mathrm{m}\cdot\mathrm{s}^{-1}$)，通常最大雨滴不会超过 0.65cm(超过该尺度则会发生自发的破碎)；融化的霰粒子半径会超过 1cm，可认为是雹；雨滴及霰粒子的最大下落末速度分别为 $11\mathrm{m}\cdot\mathrm{s}^{-1}$ 及 $17\mathrm{m}\cdot\mathrm{s}^{-1}$。

尺度为 0.001～2μm 干的气溶胶粒子可作为 CCN。

(2)液滴的核化及扩散增长。初始时刻 CCN 的尺度分布可由式(6.2)的经验公式给出，气溶胶活化为液滴的阈值尺度可以通过柯勒(Kohler)理论进行计算。

(3)冰相粒子核化与冻结。每类冰相粒子的核化都有其特定的温度区间。冰核浓度有赖于相对于冰面的过饱和度。冻结的液滴如果半径小于 80μm，则认为是冰晶，当尺度超过该值时则认为是冰雹。

(4)碰撞。不同粒子之间的碰撞通过碰撞随机动能方程进行计算，碰撞的粒子涉及液相与冰相粒子及冰相粒子之间的碰撞。液滴与冰雹、液滴与雪、液滴与冰晶的碰撞还与高度有关；冰晶与冰晶的碰撞效率与温度有关。

6.10 小 结

在地基观测设备中，双偏振雷达是最具代表性的先进雹暴监测装备，其观测资料经过质控与模糊逻辑的算法可对雹暴中水成物粒子进行识别，同时雷达的偏振参量也具有一定的物理意义，这些对于分析雹暴的微物理及热动力过程都有着十分重要的作用。本章主要包括：常用的双偏振雷达、雹暴的偏振特征、龙卷的偏振特征、关于 Z_{DR} 柱的观测背景、Z_{DR} 柱的基本定义、K_{DP} 的定义及物理解释、不同 CCN 浓度环境条件下的 Z_{DR} 柱、Z_{DR} 柱的演变特征、Z_{DR} 柱的物理解析。

参考文献

Brandes E A，Ryzhkov A V，Zrnic D S，2001. An evaluation of radar rainfall estimates from specific differential phase[J]. J. Atmos. Oceanic Technol.，18：363-375.

Bringi V N，Burrows D A，Menon S M，1991. Multiparameter radar and aircraft study of raindrop spectral evolution in warmbased clouds[J]. J. Appl. Meteor.，30：853-880.

Bringi V N，Knupp K，Detwiler A，et al.，1997. Evolution of a Florida thunderstorm during the Convection and precipitation/electrifcation experiment：The case of 9 August 1991[J]. Mon. Wea. Rev.，125：2131-2160.

Cao Q，Zhang G，Brandes E，et al.，2008. Analysis of video disdrometer and polarimetricradar data to characterize rain microphysics in Oklahoma[J]. J. Appl. Meteor. Climatol.，47：2238-2255.

Caylor I J，Illingworth A J，1987. Radar observations and modelling of warm rain initiation.[J]. Quart J. Roy. Meteor. Soc.，113：1171-1191.

Conway J W，Zrnic D S，1993. A study of embryo productionand hail growth using dual-doppler and multiparameter radars[J]. Mon. Wea. Rev.，121：2511-2528.

Dolan B，Rutledge S A，2009. A theory-based hydrometeor identification algorithm for X-band polarimetric radars[J]. J. Atmos. Oceanic Technol.，26：2071-2088.

Giangrande S E，Krause J M，Ryzhkov A V，2008. Automatic designation of the melting layer with a polarimetricprototype of the WSR-88D radar[J]. J. Appl. Meteor. Climatol.，47：1354-1364.

Hall M P M，Goddard J W F，Cherry S M，1984. Identication of hydrometeors and other targets by dual-polarization radar[J]. Radio Sci.，19：132-140.

Hallett J，Mossop S C，1974. Production of secondary ice particles during the riming process[J]. Nature，249：26-28.

Hubbert J，BringiL V N，Carey D，et al.，1998. CSU-CHILL polarimetric radar measurements from a severe hail storm in eastern Colorado[J]. J. Appl. Meteor.，37：749-775.

Illingworth A J，Goddard J W F，Cherry S M，1987. Polarization radar studies of precipitation development in convective storms.[J].Quart J. Roy. Meteor. Soc.，113：469-489.

Jameson A R，Murphy M J，Krider E P，1996. Multipleparameter radar observations of isolated Florida thunderstorms during the onset of electrification[J]. J. Appl. Meteor.，35：343-354.

Jung Y，Xue M，Zhang G，2010. Simulations of polarimetricradar signatures of a supercell storm using a two-momentbulk microphysical scheme[J]. J. Appl. Meteor. Climatol.，49：146-163.

Kennedy P C，Rutledge S A，Petersen W A，et al.，2001. Polarimetric radar observation sofhail formation[J]. J. Appl. Meteor.，40：1347-1366.

Khain A，Ovtchinnikov M，Pinsky M，et al.，2000. Notes on the state-of-the-art numerical modeling of cloud microphysics[J]. Atmos. Res.，55：159-224.

Khain A，Pokrovsky A，Pinsky M，et al.，2004. Simulation of effects of atmospheric aerosols on deep turbulent convective clouds using a spectral microphysics mixed-phase cumulus cloud model. Part I：Model description and possible applications[J]. J. Atmos. Sci.，61(24)：2963-2982.

Kumjian M R，2018. Weather radars. Remote Sensing of Clouds and Precipitation[M]. Andronache：Springer.

Kumjian M R，Ganson S，Ryzhkov A V，2012. Raindrop freezing in deep convective updrafts：Polarimetric and microphysicalmodel[J]. J. Atmos. Sci.，69：3471-3490.

Kumjian M R，Khain A P，Benmoshe N，et al.，2014. The anatomy and physics of ZDR columns：Investigating a polarimetric radar signature with a spectral bin microphysical model[J]. J. Appl. Meteor. Climatol.，53：1820-1843.

Lim S，Chandrasekar V，Bringi V N，2005. Hydrometeor classification system using dual-polarization radar measurements：Model improvements and in situ verification. [J]. Geosci. Remote Sens.，43：792-801.

Loney M L，Zrnic D S，Straka J M，et al.，2002. Enhanced polarimetric radar signatures above the meltinglevel in a supercell storm[J]. J. Appl. Meteor.，41：1179-1194.

Marzano F S，Scaranari D，Celano M，et al.，2006. Hydrometeor classification from dualpolarizedweather radar：Extending fuzzy logic from S-band toC-band data[J]. Adv. Geosci.，7：109-114.

Matrosov S Y，Reinking R F，Kropfli R A，et al.，1996. Estimation of ice hydrometeor types and shapes from radar polarization measurements[J]. J. Atmos. Oceanic Technol.，13：85-96.

Maxwell-Garnett J C，1904. Colors in metal glasses and in metallic films[J]. Philos. Trans. Roy. Soc. London，203A：385-420.

Noppel H，Pokrovsky A，Lynn B，et al.，2010. A spatial shift of precipitation from the sea to the landcaused by introducing submicron soluble aerosols：Numerical modeling[J]. J. Geophys. Res.，115：D18212.

Park H，Ryzhkov A V，Zrnic D S，et al.，2009. The hydrometeorclassification algorithm for the polarimetric WSR-88D：Description and application to anMCS[J]. Wea. Forecasting，24：730-748.

Payne C D，Schuur T J，MacGorman D R，et al.，2010. Polarimetric and electrical characteristics of a lightning ring in a supercell storm[J]. Mon. Wea. Rev.，138：2405-2425.

Picca J C，Kumjian M R，Ryzhkov A V，2010. ZDR columns as a predictive tool for hail growth and storm evolution[J]. 25th Conf. on Severe Local Storms，Denver，CO，Amer. Meteor. Soc.，11：3.

Ryzhkov A V，2001. Interpretation of polarimetric radar covariance matrix for meteorological scatterers：Theoretical analysis[J]. J. Atmos. Oceanic Technol.，18：315-328.

Ryzhkov A V，Pinsky M，Pokrovsky A，et al.，2011. Polarimetric radar observation operator for a cloud model with spectral microphysics[J]. J. Appl. Meteor. Climatol.，50：873-894.

Smith P L，Musil D J，Detwiler A G，et al.，1999. Observation sofmixed-phase precipitation within a CaPE thunderstorm[J]. J. Appl. Meteor.，38：145-155.

Snyder J C，Bluestein H B，2013. Observations of polarimetric signatures in a supercells by an X-band mobile doppler radar[J]. Monthly Weather Review，141：3-29.

Snyder J C，Bluestein H B，Zhang G，et al.，2010. Attenuation correction and hydrometeor classification of high-resolution，X-band，dual-polarized mobile radar measurements in severe convective storms[J]. J. Atmos. Oceanic Technol.，27：1979-2001.

Snyder J C，Ryzhkov A V，Kumjian M R，et al.，2015. A ZDR column detection algorithm to examine convective storm updrafts[J]. Wea. Forecasting，30：1819-1844.

Straka J M，Zrnic D S，Ryzhkov A V，2000. Bulk hydro meteor classification and quantification using polar imetric radar data：Synthesis of relations[J]. J. Appl. Meteor.，39：1341-1372.

Takahashi T，Endoh T，Wakahama G，et al.，1991. Vapor diffusionalgrowth of free-falling snow crystals between-3℃ and -23℃[J]. J. Meteor. Soc. Japan，69：15-30.

Tuttle J D，Bringi V N，Orville H D，et al.，1989. Multiparameter radar study of a microburst：Comparison with model results[J]. J. Atmos. Sci.，46：601-620.

Twomey S，1959. The nuclei of natural cloud formation part II：The supersaturation in natural clouds and the variation of cloud droplet concentration[J]. Geofis. Pura Appl.，43：243-249.

Vivekanandan J，Ellis S M，Oye R，et al.，1999. Cloud microphysics retrieval using S-band dual polarization radar measurements[J]. Bull. Amer. Meteor. Soc.，80：381-388.

Zrnić D S，Ryzhkov A V，1999. Polarimetry for weather surveillance radars[J]. Bull. Amer. Meteor. Soc.，80：389-406.

Zrnić D S，Ryzhkov A V，Straka J，et al.，2001. Testing a procedure for automatic classification of hydrometeortypes[J]. J. Atmos. Oceanic Technol.，18：892-913.

第7章　典型雹暴的综合监测方法

雹暴可以产生大量的冰雹及局地洪涝，可直接导致道路阻断、机场关闭，给人类生活带来严重的影响；有时冰雹的累积量十分巨大，这已引起学术界的关注(Schlatter and Doesken，2010；Friedrich and Coauthors，2019)。学术界对于分散降雹及大量累积降雹差异的研究尚不够系统，此外在同一个雹暴中，冰雹的累积量的反演也没有明确的方法。因此，预报人员并不能提前足够的时间给出冰雹的累积深度(有些甚至完全无法预报)。

为了解决这一问题，Wallace等(2020)研究了位于美国科罗拉多州与怀俄明州之间三个独立的雹暴；重点研究的内容包括：雹暴的动力及微物理过程的差异、如何确定冰雹的累积区域、降雹的预报时间提前量能有多大；研究的核心是此类雹暴发生发展的条件，特别是强对流过程的抬升机制、不稳定大气条件、风切变，以及水汽条件。这些除了可以从大尺度的环境条件进行研究，更重要的是从雹暴尺度的风场、风场切变廓线、湿度廓线，以及雹胚的形成等方面进行重点研究(Grant and Van Den Heever，2014；Johnson and Sugden，2014；Dennis and Kumjian，2017)，但是这些量与冰雹尺度的相关性不高。冰雹的累积与雹暴系统的移动、冰雹的融化速率，以及云内冰雹的产生量有关。雹暴的暖湿环境易于引发冰雹的融化。

云内冰雹的产生量可能与以下因素有关：

(1)雹暴系统中的上升气流必须有足够的强度及宽度，以便在适当的温度范围内托住冰雹及雹胚使其生长；

(2)雹暴系统中必须有足够的过冷水，以保证冰雹生长之需；

(3)冰雹的产量有赖于上升气流中的雹胚的浓度。

强上升气流的范围可以是从雹暴顶部的辐散层至融化层以上的Z_{DR}柱底部(其中Z_{DR}柱可以指示零度层以上液滴的存在及增加)。此外雷电活动也能指示上升气流的强度与宽度，近年来的研究则表明天气系统中的湍流运动会控制电荷区域的分布，从而影响雷电活动；这些湍流运动在雹暴上升气流内部或周围可形成小的“口袋电荷”，进而在上升气流附近形成闪电。

冰雹的产量同时也有赖于云水及云冰的含量。雷达产品VII(垂直积分冰含量)提供了云内过冷水及冰的含量，其可以指代云内冰雹的产量(Friedrich and Coauthors，2019)；双偏振雷达则可以给出云中的混合相态降水、过冷水及冰的分布特征。由于电荷分离有赖于冰相粒子与过冷水的相互作用(Takahashi，1978)，雷电活动与云水及云冰活动密切相关。增加的雷电活动表明云中存在更多的冰相粒子的碰撞，因此云中的冰及水的含量也相对较高。

除了上升气流的强度、宽度及过冷水含量，雹胚对于冰雹的产生也至关重要(Conway and Zrnić，1993；Hubbert et al.，1998)。然而在使用S波段雷达进行观测时，雹胚并不能轻易与云滴区别开来；而雷电活动趋势也不能很好地指示雹胚的存在。双偏振雷达观测到的 Z_{DR} 柱及有界弱回波区则可以指示潜在的雹胚源区域与雹胚帘（Browning，1964；Browning and Foote，1976；Nelson，1983；Conway and Zrnić，1993；Knight and Knight，2001；Tessendorf et al.，2005）。

7.1 冰雹大量累积雹暴的闪电及双偏振雷达特征

利用雷电探测设备及双偏振雷达分析雹暴中上升气流、液水及云冰含量在整个天气系统生命期内的时空演变特征，进而可判断冰雹的累积区域。由于雹暴整个过程在 6h 以内，因此大尺度环境对其的影响是相对有限的。通过该研究可为预报人员提供累积区域的重要信息。

1. 设备与方法

1）雷达资料

雷达资料中主要分析 Z_{DR} 柱高度、垂直积分冰（vertically integrated ice，VII）及水成物粒子分类，这些资料用来定量分析地表冰雹的累积量、云内冰雹产量及冰雹的融化特征。反演冰雹产量的雷达产品主要有：①VII（-40～-10℃的冰的柱含量）；②雹暴顶辐散（在 50dBZ 回波顶高度辐散区域内计算最小与最大径向速度绝对值之和（Blair et al.，2011）；③0℃层以上的 Z_{DR} 柱高度。

0℃层可由探空的探测结果确定；Z_{DR} 柱于雷达识别结果冰雹累积区域中，取 $Z_{DR} \geqslant 1$dB，雹暴的移动可通过其强中心（亦为降水的强中心）的位置进行确定。

2）雷电资料

雷电活动与云中冰含量之间存在着密切的联系，雷电活动需要被实时地记录下来。雷电探测设备主要有闪电成像阵列（lightning mapping array，LMA）设备、雷电定位系统。

2. 天气概述

500hPa 存在高空槽，西南气流被抬升，其风速可达到 8～20m·s^{-1}，于中间层相对湿度增加，地面有静止锋发展，在天气区域内水汽充足，条件不稳定可激发对流天气过程。大气层结的特征为深但弱的逆温；利用对流有效位能（CAPE）、整体理查森数（bulk Richardson number，BRN），及 0～6km 的整体风切变可分析雹暴发生前的层结特征。由于雹暴受地形作用明显，因此还需分析地形高度与雹暴移动速度之间的关系；研究中发现雹暴在上坡过程中移动速度会减缓，且在该过程中冰雹的累积明显。

3. 冰雹产量及冰雹特征

地表冰雹的累积量有赖于云内冰雹的产生量，因而需要分析 VII 的时空演变、闪电的最大累积密度、雷电密度、雹暴顶的辐散，以及 0℃层高度以上 Z_{DR} 柱。

增加的 Z_{DR} 柱高度、累积的 VII 及雷电密度均发生在强降雹临近时间之前。在降雹强盛期，VII 快速增长，云顶辐散与雷电密度均出现峰值；在降雹减弱期，VII、雹暴顶部的辐散及 Z_{DR} 柱高度均呈现减小的趋势，但其中存在一些脉冲，这些脉冲可能表明上升气流重新活跃，或者可能是新单体的消散及发展，但各参量都出现的减小趋势表明降雹量的减小；然而同期雷电活动则有所加强，这表明雹暴系统中一些区域的上升气流则有所加强。为了更好地了解冰雹特征，需分析雷达的观测参量，主要包括：最大 Z、最大 K_{DP}、平均的相关系数 ρ_{HV}；重点分析在雹暴演变过程中水成物粒子的分布特征。

4. 雹暴特征与冰雹的累积

云内的冰雹产量与雹暴的移动速度及冰雹的融化都有一定的联系，VII、雷电密度及雹暴顶辐散的增强将导致地面冰雹累积量的增大，大于 1.75km 的 Z_{DR} 柱可指示冰雹产量的增加。通常较大的 VII 与冰雹的累积产量是密切相关的，并且 VII 的增加可以提前 5min 对地面冰雹累积量进行指示，而云顶的辐散则可以提前 10min 指示冰雹累积量的出现；最大的雷电密度与最大的冰雹累积量出现的时间则非常接近；在冰雹累积量出现之前或期间均可以观测到 Z_{DR} 柱，但无论是高度还是扩散程度，都不是最大累积量的独立指标。

7.2　使用常规天气雷达预警雹暴中的冰雹累积

1. 该项研究的主要目的

(1) 建立冰雹累积深度、尺度分布及降雹范围的资料库；
(2) 研究能产生冰雹大量累积的典型雹暴；
(3) 发展利用常规天气雷达及雷电探测网预警降雹累积的雹暴的方法；
(4) 发展预报冰雹累积时间及位置的方法。

2. 质控的冰雹累积量的观测

1) 冰雹累积量数据库

数据来源包括：新闻媒体、社会媒体，以及一些观测网络；即号召一些社会力量进行冰雹深度、冰雹尺度及降雹带等资料的收集。

2) 冰雹相关信息的质控

社会媒体提供的信息往往缺乏足够的位置信息，因此质控的方法主要分为以下几步：首先，去除不包含任何时间与空间的冰雹积累信息；其次，去除探空及雷达缺测的冰雹积累信息；再次，需确保报告信息与雷达观测的时间与空间信息一致；最后，于降雹地实地核查。

3) 冰雹累积量的计算

为了发展与评估基于雷达观测的冰雹累积量的算法，初期的算法中，冰雹的尺度为 2cm、落速为 $15\mathrm{m \cdot s^{-1}}$ (Kalina et al., 2016)。

冰雹累积有赖于冰雹的下落速度 V_t(与冰雹的直径 D 有关)、ϵ 统计最优参数(旨在使观测与雷达反演的冰雹累积量之间的误差为最小，通常该值介于 0.8～1.6)，冰雹于地面的冰雹累积量可由下式表示：

$$h=\left(\frac{1}{\epsilon}\right)\frac{1}{\eta\rho_h}\sum_{t=t_0}^{t}\mathrm{IWC}_h V_t(D)\Delta t \tag{7.1}$$

其中，η 为冰雹的综合密度系数(通常取为 0.64)；ρ_h 为冰的密度(通常为 $0.9\mathrm{g\cdot cm^{-3}}$)；$\Delta t$ 为雷达的体扫时间；IWC_h 为冰雹的冰水含量；冰雹直径 D 的估算方法可以通过冰雹的最大估算尺度 MEHS 获得(Witt et al.，1998)：

$$\mathrm{MEHS}=2.54(\mathrm{SHI})^{0.5} \tag{7.2}$$

其中，SHI 为强冰雹指数，可由下式计算：

$$\mathrm{SHI}=0.1\int_{H_0}^{H_\mathrm{T}}W_\mathrm{T}(H)\dot{E}\mathrm{d}H \tag{7.3}$$

其中，H 为雷达以上的高度；H_T 为雹暴单体的顶高；H_0 为环境 0℃层高度；$\dot{E}$ 为冰雹动能通量值(单位为 $\mathrm{J\cdot m^{-2}\cdot s^{-1}}$)；$W_\mathrm{T}$ 为基于温度的加权函数：

$$\mathrm{W_T}(H)=\begin{cases}0, & H\leqslant H_0\\ \dfrac{H-H_0}{H_{m20}-H_0}, & H_0<H<H_{m20}\\ 1, & H\geqslant H_{m20}\end{cases} \tag{7.4}$$

其中，H_{m20} 代表环境温度为−20℃的高度。

$$\dot{E}=5\times10^{-6}\times10^{0.084Z}W(Z) \tag{7.5}$$

其中，$W(Z)=\begin{cases}0, & Z\leqslant Z_\mathrm{L}\\ \dfrac{Z-Z_\mathrm{L}}{Z_\mathrm{U}-Z_\mathrm{L}}, & Z_\mathrm{L}<Z<Z_\mathrm{U}\\ 1, & Z\geqslant Z_\mathrm{U}\end{cases}$，为反射率的权重函数，在默认的算法中 $Z_\mathrm{L}=40\mathrm{dBZ}$，$Z_\mathrm{U}=50\mathrm{dBZ}$，40～50dBZ 层位于−20～0℃的温度区间内，冰雹的快速增长发生于该区间内。

$$\mathrm{IWC}_h=4.4\times10^{-5}Z_\mathrm{e}^{0.71} \tag{7.6}$$

其中，Z_e 为等效雷达反射率[0℃层以下雷达反射率因子($\mathrm{mm^6\cdot m^{-3}}$)](Heymsfield and Miller，1988)。

Witt 等(1998)发展了一个简单的预警指数，即

$$\mathrm{WT}=57.5H_0-121 \tag{7.7}$$

其中，WT 的单位为 $\mathrm{J\cdot m^{-1}\cdot s^{-1}}$，其在研究中所设的阈值为 $20\mathrm{J\cdot m^{-1}\cdot s^{-1}}$；进而发展了强降雹概率：

$$\mathrm{POSH}=29\ln\left(\frac{\mathrm{SHI}}{\mathrm{WT}}\right)+50 \tag{7.8}$$

其中，POSH 的值为 0～100%。

使用 0℃层以下的反射率资料，一方面可以避免冰雹在降落至地面以前被下一次体扫重复探测；另一方面还可以避免将冰雹增长带纳入观测，进而确保观测的冰水含量可以代

表降落至地面上的冰雹；0℃层资料主要是通过最邻近的探空获取的(表 7.1)。

表 7.1　由理论及经验方法得到的冰雹下落速度与冰雹直径的关系

关系	适用尺度/cm	获取方法	地点	出处
$V_t = 12.43\sqrt{D}$	0.5～1	高速摄像	加拿大	Lozowski 和 Beattie(1979)
$V_t = 8.445D^{0.553}$	0.85～1.6	实验室测量	美国	Knight 和 Heymsfield(1983)
$V_t = 12.65D^{0.65}\mathrm{PC}$ (D<2cm) $V_t = 12.69D^{0.35}\mathrm{PC}$ (D>2cm)	0.6～10.71	实验室测量	美国	Heymsfield 和 Wright(2014)
$V_t = 9D^{0.8}$	0.1～8	800hPa，0℃条件下理论推导	—	Pruppacher 和 Klett(1997)

注：$\mathrm{PC} = (1000P^{-1})^{0.545}$ 为气压校正，P 为地面至湿球温度 0℃之间的平均气压；其中落速为 $15\mathrm{m \cdot s^{-1}}$ 是假设冰雹的直径为 2cm 时，利用 $V_t = 9D^{0.8}$ 得到的。

冰雹累积量的算法如图 7.1 所示。第一步，要获取实时的探空资料，以及距离降雹点最近的雷达资料，确定 0℃层，并对其中的水成物粒子进行识别；通过地面的降雹报告获取冰雹的尺度信息。第二步，利用雷达资料计算 VII 含量，并计算雷达体扫中单体的移动速度；计算 0℃层以下的冰水含量，判定降雹与雨夹雹区域；计算 MEHS 及冰雹下落速度。第三步，在一次雷达体扫中计算冰雹累积量。第四步，将各次冰雹累积量进行求和。第五步，以 VII、雹暴移速及冰雹尺度生成冰雹累积图。

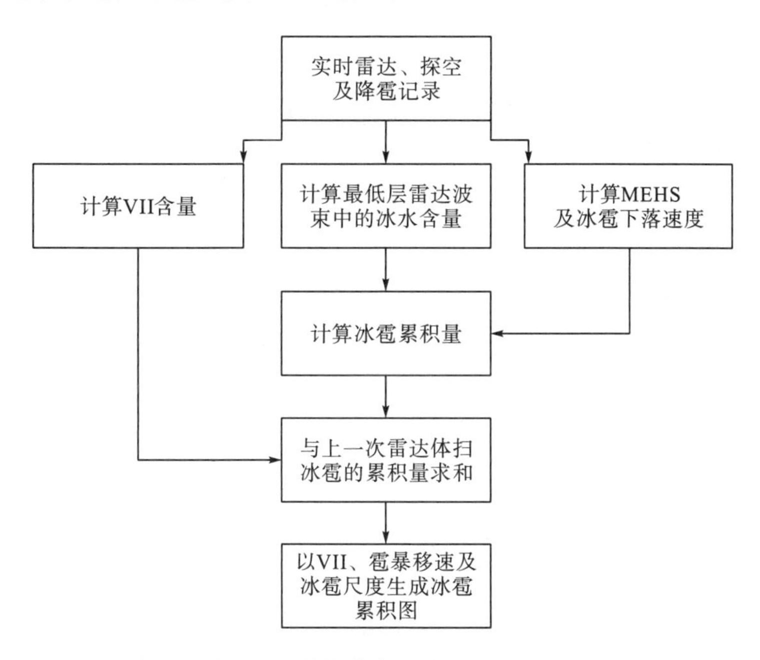

图 7.1　冰雹累积量算法流程图(Wallace et al., 2019)

7.3 基于雷达冰雹识别算法扩大冰雹天气数据库的方法

灾害性天气数据库的完善是进行灾害性天气气候研究的必要条件，在此类数据库中，灾害性天气的过程被详细记录，而气候研究对于揭示灾害性天气的物理过程也十分重要。在人口密度较小的区域，灾害性天气缺乏有效的观测和记录。

有鉴于此，有必要利用多种方法开展此类工作；特别是报纸及保险关于灾害性天气导致财产损失的报道和记录就是可用的资料，此外资料的收集还可借助社交平台进行完善。对于雹暴天气而言，收集的资料至少要包括：冰雹照片、降雹时间与位置。

1. 冰雹的识别算法

降雹概率（probability of hail，POH）（Waldvogel et al.，1979）：

$$\mathrm{POH}(\Delta h)=0.319+0.133\Delta h \tag{7.9}$$

其中，$\Delta h = H45 - H0$，表示 45dBZ 高度与 0℃层高度之间的高度差。

Tuovinen 和 Hohti（2020）给出了新的冰雹指数：

$$\mathrm{HHI}=\mathrm{POH}(\Delta h)/10 \tag{7.10}$$

该指数为无维指数，其取值范围介于 0～15，但是同样有赖于 Δh，当该指数大于 10 则表明为强雹暴（$\Delta h = 5.5\mathrm{km}$）。

POH 算法的问题在低于正常温度（即异常低的 0℃等温线高度）时被发现。当 0℃等温线远低于（至少低于 3000m 的平均值 1500m）寒冷期间的长期平均水平时，观测到冰雹的 POH 值较低（10%～30%）。甚至出现了漏报个例（冰雹较小，但没有 POH 输出概率），表明冰雹出现了部分的融化。当 0℃等温线的高度高于正常值（例如，高于平均值 3000m 左右）500m 时，指数值增加了 1（至少 3.5km）或 2（至少 4km），这是冰雹融化潜热增加的结果。当 0℃等温线的高度低于正常值（例如，低于 3000m 的平均值 1300m）时，指数值分别降低 1（低于 1.7km）或 2（低于 1.2km），这个调整后的冰雹指数应该比 HHI 更好。

7.4 美国南部大平原冰雹的时间变化和成因的监测研究

强对流风暴天气过程通常会产生冰雹、龙卷及大风，并导致严重的财产及经济损失。在一些区域其造成的损失远高于其他（诸如洪水、干旱及热带风暴等）灾害性天气（Baggett et al.，2018）。冰雹对财产造成的损失与其动能高度相关，而其动能随冰雹直径快速增加。研究强降雹天气过程的时空演变特征及其物理影响因子，不仅对促进极端天气气候科学的发展十分重要，而且对减轻冰雹灾害也具有重要意义。已有的研究表明，强降雹的时空分布特征在不同的区域有着较大的差异。Changnon（1999）研究表明，1901～1997 年强降雹的频率在美国大平原中部及东南部地区有所增加，而在美国中西部及西部地区则有所减少。

Ni 等（2020）研究了 1960～2015 年中国的降雹特征，指出该时段的降雹主要可以分为两段，其中 1960～1979 年的降雹密度低于 1980～2015 年的时段，但最大的冰雹尺度则是前者的较大，该特征在华北尤为如此；利用耿贝尔(Gumbel)极值模型拟合发现华东地区的冰雹较大，而最大的冰雹则出现在华南。这些研究阐明了依据区域评估降雹特征的重要性，事实上研究各区域长期降雹趋势及季节内降雹变化特征都是非常有意义的工作。

降雹的时间及空间变化受大尺度环流的影响明显，如马登-朱利安振荡(Madden-Julian oscillation，MJO，即热带季节内振荡)与厄尔尼诺-南方涛动(El Niño-Southern oscillation，ENSO)对于冰雹及龙卷的发生都有一定的影响(Childs et al.，2018)，通过研究发现在 ENSO 的 La Niña 阶段降雹比 El Niño 阶段多；而较高的墨西哥湾海温同样可以引发较多的雹暴及龙卷过程；通常气候事件与中尺度环流同时对于强风暴的产生有着明显的影响(Molinari，1987)。

气溶胶是强风暴发生的另外一个可能的影响因素，生物质的燃烧形成的气溶胶可导致降雹及龙卷过程的增加(Wang et al.，2009)。气溶胶通过与云的相互作用(气溶胶活化为云凝结核及冰核)(Fan and Coauthors，2018)及与辐射的相互作用(气溶胶吸收太阳辐射，进而改变大气温度与温度廓线及稳定度)(Fan and Coauthors，2018)，可以影响对流的强度及冰雹的生成与增长。然而，气溶胶对于对流云的影响则有赖于对流有效位能、风切变及相对湿度等气象条件(Lebo et al.，2012)。此外，气溶胶浓度会随气象条件而变化，而气象条件相对于气溶胶对对流特性的影响更明显(Lebo，2018)。降雹气候研究主要有赖于降雹记录及雷达反演的最大冰雹尺度等资料。

7.5　产生大量小雹的雹暴的监测研究

雹暴为典型的强对流天气，其常常可以对工农业生产及人民生活造成严重的危害。近年来，全球雹暴每年造成的损失甚至可与热带风暴造成的损失相比较。一方面是由于雹暴发生的范围较广，另一方面则是由于雹暴发生的频率有增无减。

尽管学术界对于产生雹暴的环境都有了一定的认识，但是对于依据冰雹尺度及潜在的危害预测冰雹风险尚存在较大的困难。在这些工作中很难对冰雹的尺度做出准确的预估，这是因为人们尚未真正了解雹暴主要的内在控制冰雹生长尺度的机制。

已有的研究表明，风暴的环境对流有效位能(CAPE)与冰雹尺度并不存在直接的联系(Johnson and Sugden，2014)；此外，目前还没有明确的概念模型来解释为什么一些雹暴会产生较大的冰雹，而为什么另一些雹暴会产生大量的小冰雹。有模拟研究开始将环境因素与冰雹的产生和雹暴结构的变化联系起来。Grant 等(2014)认为对流层中部的干燥程度会影响其模拟雹暴的结构和冰雹增长的区域。Dennis 和 Kumjian(2017)则认为当在模拟研究中改变环境风切变时产生的冰雹会出现明显的变化。

然而在这些研究中，受模式的整体微物理方案的限制，研究不能准确地预测冰雹的尺度，特别是大冰雹尺度只占预先确定的尺度分布中的很小一部分；这是对实际冰雹尺度分布的一种简化，而实际冰雹尺度分布受观测条件的限制很小。

此外，利用业务雷达对冰雹的尺度进行准确的评估同样存在较大的挑战。在双线偏振雷达应用于雹暴观测之前，普通的多普勒天气雷达不能准确地反演冰雹的尺度；而使用高分辨率的地面观测系统对于冰雹的尺度也不能做出较好的估测。

研究表明，若仅用水平极化时的等效反射率因子 Z_H 判别冰雹尺度是十分困难的，甚至是不可能的(Ortega，2018)。最近的研究表明，使用双偏振雷达可以提高冰雹尺度的预测能力，但是在实际研究中冰雹尺度的预测仅能做粗略的估测(Ortega et al.，2016)。尽管这是冰雹尺度估测重要的第一步，但仍需要进行改进；该算法没有使用所有极化雷达变量，特别是排除特定的差分相移 K_{DP}(当然 K_{DP} 也是重要的量)；因此任何利用雷达观测资料反演冰雹尺度的努力都是值得肯定的。

有很多雹暴可以短时持续地产生大量的小冰雹(直径小于 2.5cm)。虽然这类雹暴造成的灾害可能小于大冰雹事件，但是其危害仍然不能小觑。

1. 个例选取

冰雹的直径需小于 2.5cm(需要有照片及视频资料)，冰雹降落至地面并覆盖地面。由于在一些个例研究中缺乏近距离的探空资料，则使用模式输出或再分析资料进行替代。亦可利用模式输出资料计算雷达组合反射率。环境资料主要包括 CAPE 及风切变。

2. 雷达分析

(1)雹暴结构特征。最低层均有区域 Z_H 大于 60dBZ(部分大于 65dBZ 与 70dBZ)，有很多雹暴可归类为超级单体，其具有的特点为：气旋性切变(中层径向风)、低层的钩状回波、低层三体散射特征(与冰雹相联系)、明显有界的弱回波区(与强的上升气流相联系)。

(2)偏振参量。异常大的 K_{DP}(大于 $7.5°\cdot km^{-1}$)(通常有强降水的过程 K_{DP} 介于 $5°\cdot km^{-1}$～$6°\cdot km^{-1}$)(Kumjian et al.，2019)，典型的产生大冰雹的雹暴 Z_{DR} 较低，似乎并不与高的 K_{DP} 相联系(特别是高于 $10.7°\cdot km^{-1}$ 的 K_{DP})。高的 K_{DP} 与高浓度的非球形的水成物粒子相联系(只有在中低层较干时，会使水成物粒子融化及蒸发，小而干的雹不会产生高的 K_{DP})(Kumjian，2013)。由于对流层下部(3.5km)非常干燥，最低的露点超过 13℃，这样干燥的对流层低层抑制了融化并促进了雨滴的蒸发；小而干的冰雹产生的 K_{DP} 较小。高 Z_H、高 K_{DP}、负 Z_{DR} 与冰雹核心相联系。

尽管在雹暴核心三体散射可产生负 Z_{DR}，在这些情况下与典型的低层的三体散射相比，负 Z_{DR} 向下的范围更大。非均匀波束填充对于负的 Z_{DR} 偏差亦有贡献；S 波段雷达降水测量中最大的 K_{DP} 介于 $17.6°\cdot km^{-1}$～$17.1°\cdot km^{-1}$，这说明存在大量的非球形粒子，如大雨滴或者融化的小冰雹，这也是大量小融化冰雹出现的标志。

3. 雹暴追踪分析

风暴移动速度较慢($6～9m\cdot s^{-1}$)，平均速度为 $11.3m\cdot s^{-1}$。低仰角质心跟踪，主要针对的是 Z_H 大于 50dBZ、60dBZ、70dBZ 的质心来实施的。质心跟踪是通过大约 1h 的连续扫描分析来完成的。

7.6　雨滴谱仪与 X 波段雷达对雹暴系统中对流性降水的监测

雨滴谱仪与 X 波段雷达不仅可对雹暴系统中对流性降水进行监测，而且还可借此对 X 波段雷达衰减订正效果进行验证。

事实上，真正能获取的强对流的微物理资料是极为有限的，特别是还要将这些资料用于验证数值模式时尤为如此。X 波段双偏振雷达可以提供：雷达反射率、水成物粒子的形状及类型。尽管 X 波段雷达波束较易受强降水与冰雹的衰减，但是这可以通过衰减订正部分得以克服。其中所做工作则主要包括：地表雨量计与雷达反演的雷达参量的对比。在通常情况下，缺乏地面的云微物理的观测资料，这对于准确分析与模拟强对流天气过程都造成较大的障碍。

微物理过程(特别是水成物粒子的增长、碰撞、合并、破碎、融化与蒸发)与动力及热动力过程相互作用，进而影响强对流天气的特征及其演变规律。比如：冰雹的融化将影响低层的冷池的强度及尺度，进而影响近地面的浮力以及产生龙卷的潜力(Grzych et al.，2007)。为了得到近地面的微物理资料，进而分析各过程的相互作用，可以测量速度的水成物粒子尺度与速度的光学雨滴谱仪，并与车载双偏振多普勒雷达一同进行观测，观测中设备尽可能地靠近天气系统，以便得到高分辨率靠近天气系统的地面的观测信息，进而可以比较雨滴谱仪与双偏振雷达的观测结果。

然而两种设备的测量的准确性受强对流天气特征(强风与冰雹)的影响。为了将地面微物理资料与三维雷达图像结合起来，需要对微物理资料进行质量控制，并对雨雹粒子进行判别。此外，X 波段雷达信号的衰减必须进行校正，特别是当雷达对混合性降水进行观测时。由于超级单体雷暴往往含有大量冰雹，因此为降雨设计的衰减校正方案并不总是能得到准确的结果。

比较超级单体雷暴中衰减校正雷达数据和水成物粒子分类与雨滴谱仪的测量结果。雨滴谱仪数据能否用于指导雷达衰减校正方案的性能，从而验证雷达资料质量呢？为了验证质控算法，可以将雨滴谱仪反演的 Z 及 Z_{DR} 与 X 波段(及更长波段的 C 或 S 的)雷达观测进行对比；通过比较可以改进雷达资料质控的方法。简要回顾可用于雷达资料衰减订正的不同技术。几种衰减校正方案使用传播差分相移 Φ_{DP} 和特定差分相位 K_{DP} 分别估计总衰减和比(特征)衰减(Carey et al.，2000；Testud et al.，2000，Bringi and Chandrasekar，2001；Anagnostou et al.，2006；Steiner et al.，2009)。

定量的 K_{DP} 是 Φ_{DP} 对距离求导，而 Φ_{DP} 需要由雷达测量的总差分相位 Ψ_{DP} 来计算，Ψ_{DP} 为 Φ_{DP} 与后向散射差分相移 δ 之和。

$$2\int_0^r K_{DP}(r')\mathrm{d}r' = \Psi_{DP} - \delta = \Phi_{DP} \tag{7.11}$$

其中，r 为雷达距离；δ 在米散射区才重要(对于 X 波段雷达，温度为 20℃时雨滴直径大于 2.3mm)(Ryzhkov et al.，2011)，因此在进行衰减订正之前首先要确定 δ。不同的衰减订正方法会有不同的 δ 的算法[如差分反射率的迭代方法(Anagnostou et al.，2006)]，迭代与有限脉冲响应滤波法(Steiner et al.，2009)。

1. 研究的核心内容与前期的工作基础

(1)雨滴谱仪分析雷达资料衰减订正的效果;

(2)强雹暴云 X 波段雷达粒子识别。

此前学术界主要是对比雷达与雨滴谱仪的观测结果，进而发展了反射率与降水强度之间的经验关系(Huang et al.，2010)，而这些研究也主要集中于对层云降水的研究(Zhang et al.，2011)，仅有少部分是针对强对流天气展开的(Thurai et al., 2011)。X 波段双偏振雷达衰减订正可与 S 波段雷达的观测结果(通常其衰减较小)进行对比。利用地面的雨滴谱仪资料来评估衰减订正的效果是一个较好的方法(特别是在附近没有 S 波段雷达存在时)，对比研究可以提高雷达资料的质量，并有利于数值模拟研究。

2. 个例的选取

选取 36 个强对流天气过程的雷达及雨滴谱仪观测结果；选取标准：①雷达在雨滴谱仪上方至少观测 5min；②雨滴谱仪观测阈值 Z>20dBZ(即毛毛雨及小雨以上的过程)；③雷达与雨滴谱的距离应当小于 45km。最终选出 5 个超级单体与 1 个飑线系统。

雨滴谱仪在测量时，雨滴谱仪与雷达的距离控制在 10～45km 的范围内(平均距离为 20km)；而雷达在测量时，雷达于 10km 的观测分辨率为 $74\text{m}\times 87\text{m}\times 175\text{m}$，而至 45km 时的观测分辨率为 $74\text{m}\times 393\text{m}\times 785\text{m}$。

3. 雨滴谱仪资料的质控

雨滴谱仪包括两类：移动便携式(articulating)和固定式(stationary)。雨滴谱仪的观测误差主要源于：强风、从边缘进入采样区域的粒子(只有一部分进入采样区)、泼溅。

(1)粒子错误分类会出现在 d>5mm 及粒子下落末速度小于 $1\text{m}\cdot\text{s}^{-1}$;

(2)在边缘降落及泼溅的粒子被剔除;

(3)下落速度比下落速度-直径关系快或慢 60%以上将会被剔除。

根据粒子直径与下落末速度将水成物粒子分为雨、小雹(会部分融化并被水层包围)及大雹。对于不同大小的雹需要选取不同的 $\boldsymbol{T}$ 矩阵计算其散射特性。

由于雨滴下落末速度与直径有着明确的关系(Atlas et al.，1973)，不同形状、密度及含水量的冰雹粒子，即使有同样的直径，其下落速度也会不同，而且还可能会因此错误地归类为雨滴。由于在雹暴中，冰雹的密度比霰粒子的大，霰粒子的下落末速度可能比实际观测的小。

4. 由雨滴谱仪资料计算气象变量

在利用雨滴谱仪数据计算 Z 和 Z_{DR} 之前，取样时间需确定于 60s 内，以获得足够大的颗粒样本，同时可以略去其中的高频变化。

不同相态的水成物粒子的散射特性不同，Z 和 Z_{DR} 对于水成物粒子的倾角的变化较为敏感，但是 Z_{DR} 的变化不会超过 1dB。资料处理中的核心参数包括：倾角、轴比、水成物粒子密度、含水量及温度。

5. 雷达资料处理

雷达资料的衰减订正中，对于同时进行横纵波收发的 X 波段雷达观测强降水时，Z_{DR} 不用于衰减订正会取得更好的效果(Steiner et al.，2009)。Z_{DR} 的潜在偏差在总差分相位 Ψ_{DP} 增加时(天线及退偏振误差所造成的)也因此会被避免(Zrnić et al.，2010)。

水平极化的路径积分衰减为

$$\mathrm{PIA_H} = \int_0^r A_\mathrm{H}(r) = \gamma \times \left[\Phi_\mathrm{DP}(r) - \Phi_\mathrm{DP}(0)\right] \tag{7.12}$$

$$Z'_\mathrm{H} = Z_\mathrm{H} + \mathrm{PIA_H} \tag{7.13}$$

其中，$\mathrm{PIA_H}$ 为水平极化的路径综合衰减(dB)；r 为雷达距离(km)；A_H 为单位距离的水平极化衰减($\mathrm{dB \cdot km^{-1}}$)；$\gamma$ 为雨的经验常数(0.3006)；Z'_H 为订正的水平极化反射率。

进一步还有路径积分差分衰减：

$$\mathrm{PIA_{DP}} = \varepsilon \times \mathrm{PIA_H} \tag{7.14}$$

$$Z'_\mathrm{DR} = Z_\mathrm{DR} + \mathrm{PIA_{DP}} \tag{7.15}$$

其中，Z'_DR 为订正的 Z_DR；当降雨时，$\varepsilon = 0.173$。

6. 雷达与雨滴谱仪的比较方法

以雨滴谱仪所在位置库为中心，在 3×3 的库内对雷达的 Z 与 Z_{DR} 进行平均；雷达与雨滴谱仪资料进行配对，二者的观测时间差不超过 30s。

当雨滴的直径 d=1mm 时，其下落末速度 $v=4\mathrm{m \cdot s^{-1}}$。当液滴在 1km 时，其会在 250s 后降落至地面，假设平均的水平风速为 $10\mathrm{m \cdot s^{-1}}$，则液滴向下游会移动约 2.5km(约 34 个距离库)，因此雷达及雨滴谱仪观测的水成物粒子存在一定的差异，这在超级单体风暴中尤为如此。

7. 雷达与雨滴谱仪观测的 Z 和 Z_{DR} 的比较

雷达信号质量指数(signal quality index，SQI)与信噪比(signal-to-noise ratio，SNR)及谱宽(W)有关：

$$\mathrm{SQI} = \frac{\mathrm{SNR}}{\mathrm{SNR}+1} \exp\left(-\frac{\pi^2 W^2}{2}\right) \tag{7.16}$$

S 波段雷达的 Z 与雨滴谱仪观测得到的 Z 的差异为−1.9～1.0dB，同时针对不同的天气类型(如超级单体、飑线)进行具体分析，其可能存在两种情况：雷达观测的 Z 与 Z_{DR} 大于、小于或者接近雨滴谱仪(利用 $\boldsymbol{T}$ 矩阵得到)的观测值。

7.7　超级单体爆发性增长的云顶及其雷达观测特征

观测中所用的设备主要为：移动 X 波段多普勒双偏振雷达、GOES-16 地球同步卫星图像、S 波段多普勒双偏振雷达。

1. 研究聚焦点

对于最高雷达回波顶的变化与产生龙卷及冰雹之间的关系、与中气旋产生之间的关系，已有的研究表明，在可产生龙卷的超级单体中，首先是在低层产生的，然后快速向上发展；当中气旋位于边界层时，摩擦导致辐合，进而增加了近地面的涡度。

因而，龙卷在低层最强，利用多普勒雷达对于超级单体的研究将其最低层及其上部的垂直辐合作为重点，此外下沉气流的高动量向下传输也是重点之一。下沉气流在地面附近可沿阵风锋后侧方形成辐合并获得涡度；下降的反射率中心与下沉气流相联系，同时也可指示龙卷的发生；在中低层的蒸发及降水会产生强的负浮力(即下沉气流，中层的融化)。

超级单体云顶高度的变化(下沉及爆发性增长)与其中龙卷及冰雹的产生有着一定的联系；下沉气流不会扩展得太低，对边界层的影响也不明显；在边界层中的低层辐合会加强地表的涡度，但是其具体的空间范围需要进行深入的分析；爆发性云顶的增长与上升气流是相联系的，其向下延伸至边界层，因此与龙卷的发生也会有一定的关联性；弱回波洞(weak echo hole，WEH)从地面一直延伸至单体的顶部(弱回波洞是散射体旋转离心造成的)。而边界层中没有发生降水的空气会补偿性地流向云顶进而形成弱回波柱。

2. 研究需要重点解决的问题

观测云顶上升气流(爆发性云顶的增长与消散)与单体内部风、反射率、偏振参量的关系，特别是在龙卷及冰雹形成前后的演变特征是研究需要重点解决的问题。

利用快速扫描的地球同步轨道卫星及移动的多普勒双偏振雷达观测研究可以较好地回答这个问题。而爆发性增长的云顶与最大回波及最高雷达回波顶也是相对应的。

核心的研究目的：

(1)主上升气流的位置(卫星的可见光及红外云图反演爆发性增长云顶，雷达 Z_{DR} 柱与 Z_{DR} 环反演爆发性增长云顶)与有界弱回波区(Lemon et al.，1978)，以及其他雷达观测的内在特征(如勾状回波、入流缺口、龙卷涡旋特征)之间的关系；

(2)分析对流的初始化及对流的演变。

3. 超级单体的偏振雷达观测

尽管超级单体在所有雹暴中所占比例并不高，但是其所造成的危害却十分明显。随着偏振雷达逐渐投入实际使用，对于超级单体中灾害性天气现象的系统观测得以实现，特别是其中的强风、大冰雹及龙卷的偏振参量需要进行深入的研究。

雹暴发生的条件：①高的对流位势不稳定；②高的大气湿度；③中等强度的风切变。

冰雹尺度的可能决定因子：①上升气流的宽度及倾斜程度；②0℃以上高度的过冷水含量(冰雹在上升气流中与云滴相互作用)；③边界层内气溶胶的浓度(其决定着过冷水的含量)。

直径超过几厘米的大冰雹可能多形成于“污染”的含有丰富过冷水的雹暴中。到目前为止，预报大冰雹依然十分困难。

4. 典型超级单体风暴的偏振雷达参量与环境场的关系

偏振雷达可以用来反演云中水成物粒子的形状、相态、尺度及取向；这对于在较大的时间及空间范围内进行云中微物理特征的研究至关重要。单体风暴发生过程中伴随有复杂的微物理过程，而这些过程又受风暴环境场(特别是风场和湿度场)的影响，不同的背景场造成的风暴具有较大的差异。

偏振雷达参量可用以分析雹暴的微物理特征，而其中的一些特征是非常普遍的，主要如下：

(1)差分反射率柱(Z_{DR}柱)代表在环境温度 0℃层高度以上，上升气流内的与液滴相关的区域，与周围相比 Z_{DR} 值相对较高。上升气流的特征可以通过 Z_{DR} 柱的最大高度及其变化规律反演出来；通常如果上升气流的范围越大，则上升气流就越强(尽管这种联系可能较弱)。Snyder 等(2017)曾给出 Z_{DR} 柱的算法。

(2)差分反射率弧是沿着超级单体的前侧(上升气流将雨滴与融化的冰雹分开)Z_{DR} 值增大的部分；其取向与强度的变化可指示龙卷的发展(Palmer and Coauthors，2011；Crowe et al.，2012)。

(3)由低层的偏振参量反演降雹区域，经常表现出明显的周期性变化，这在有龙卷风暴的区域尤为如此。

典型超级单体的偏振特征为分析雹暴环境提供了必要的条件，其中定量分析的工作主要包括：

(1)定量地分析相似背景环境中典型超级单体风暴 Z_{DR} 柱、Z_{DR} 弧及降雹特征的相似与不同之处；

(2)分析典型超级单体风暴的风切变、不稳定度及湿度等特征；

(3)分析与 Z_{DR} 柱、Z_{DR} 弧及降雹特征相关的变量。

研究资料与方法：超级单体具有典型 Z_{DR} 柱、Z_{DR} 弧及中层的旋转特征。所用过的资料主要包括：雷达、卫星及地面观测资料。

在研究中需要对中层及高层的风场进行特别的分析，以便更好地了解强风切变，因此探空资料在分析中也十分重要。

1)雹暴的环境分析

在雹暴环境的分析工作中，涉及以下不稳定度主要的代表参量：混合层对流有效位能(mixed-layer convective available potential energy，MLCAPE)(Thompson and Coauthors，2003)、最不稳定对流有效位能(most-unstable convective available potential energy，MUCAPE)(Evans and Doswell，2001)、对流抑制能(convective inhibition，CIN)(Colby，1984)、0～1km 及 0～3km 风切变、有效风暴相对螺旋度(effective storm relative helicity，ESRH)、自由对流高度(level of free convection，LFC)、抬升凝结高度(lifting condensation level，LCL)、相对湿度、超级单体综合参数(supercell composite parameter，SCP)、龙卷参数(significant tornado parameter，STP)、能量螺旋指数(energy-helicity index，EHI)(Rasmussen，2003)。

2)差分反射率柱特征

对流上升气流，以0℃高度以上正的温度扰动为特征，可由 Z_{DR} 柱指示出来。风暴单体的上升气流强度受垂直风切变及垂直湿度廓线的影响。Z_{DR} 可以反演环境温度0℃高度以上上升气流的区域，而0℃高度以上的 Z_{DR} 柱最大垂直幅度可度量上升气流的强度。

0℃高度以上1dB Z_{DR} 柱的最大高度是一个用来描述上升气流的指标。选择这个与 Z_{DR} 有关的值可以有效地减少干扰信息。在分析中，无论风暴与雷达距离如何，每个体扫都会评估该值；但对于靠近雷达的风暴，该值更为准确，因为连续较高仰角的波束中心线随距离是垂直展开的。一旦对每个风暴中的每个样本量进行了估算，则通过对所有估算值进行简单平均，计算出每个风暴的平均值，每个风暴的个别值也形成了一个总体，通过威尔科克森-曼-惠特尼(Wilcoxon-Mann-Whitney，WMW) p 值与其他风暴的度量值总体进行比较。

定性而言，处于同样环境背景的风暴 Z_{DR} 柱的最大高度的平均值也会较为接近，但也存在一定的差异，这不足以区分龙卷风暴与非龙卷风暴。

用多元线性回归建立的简单模型可解释环境温度0℃层高度(km)以上平均1dB Z_{DR} 柱最大范围的75.0%方差：

$$H = 0.96 + 3.85 \times 10^{4} a + 2.49 \times 10^{-3} b + 1.2 \times 10^{-2} c \tag{7.17}$$

其中，H 为0℃层以上 Z_{DR} 柱高度(km)；a 为MUCAPE($\mathrm{J \cdot kg^{-1}}$)；b 为ESRH($\mathrm{m^2 \cdot s^{-2}}$)；$c$ 为LCL(℃)；MUCAPE与 H 的相关度较高，其可造成系统的垂直加速，使得大量的暖空气悬浮于0℃层以上；ESRH与 H 的相关度也较高，说明上升气流较强，且具有较高的环境螺旋度；较暖的LCL与较高的 Z_{DR} 柱高度对应。中层相对较干的空气也会导致较高的 Z_{DR} 柱，这也会使得在这样的环境下产生较多的降水。

使用多元线性回归开发的模型解释了该指标(km)83.0%的方差：

$$H = 1.24 + 4.29 \times 10^{-4} a + 2.54 \times 10^{-3} b + 9.54 \times 10^{-4} c \tag{7.18}$$

其中，H 为0℃层以上 Z_{DR} 柱高度(km)；a 为MUCAPE($\mathrm{J \cdot kg^{-1}}$)；b 为ESRH($\mathrm{m^2 \cdot s^{-2}}$)；$c$ 为环境0℃层高度(m)。较高的0℃层高度可指示更多云处于更暖的温度中，这会导致相对较高的 Z_{DR} 柱的出现。

上升气流的强度也可以利用0℃层以上0.5dB的 Z_{DR} 柱高度来评估。

定量而言，背景环境相似的风暴，其0℃层以上 Z_{DR} 柱的最大高度也近似。

使用多元线性回归开发的模型解释了该指标(km)65.30%的方差：

$$A = 2.12 \times 10^{-3} a - 5.85 \times 10^{-1} b + 2.75 \times 10^{-2} c - 14.53 \tag{7.19}$$

其中，a 为MUCAPE($\mathrm{J \cdot kg^{-1}}$)；b 为3km的相对湿度(%)；c 为0℃层高度。

3)差分反射率弧特征

在超级单体的前翼浅流入层的平均风暴相对风经常形成雨滴和融化的冰雹，这会形成较高的 Z_{DR} 值，这种信号可能还预示着龙卷的发生。描述 Z_{DR} 弧的量包括：Z_{DR} 弧宽度、弧内的面积范围、弧内的平均 Z_{DR} 值。Z_{DR} 弧的特征是由 Z_{DR} 弧以上的云决定的，同时需要计算1～3km的环境风切变，特别是这一风切变与 Z_{DR} 弧有着密切的联系，这可能比其他层(0～1km、0～2km、0～3km及0～6km)的切变联系更加紧密。

Z_{DR} 弧的宽度定义为沿超级单体前翼垂直于 Z_{HH} 梯度测量的 2dB 的 Z_{DR} 弧宽度，因此，Z_{DR} 弧宽度的测量大致垂直于风暴的移动方向。

单独的环境变量与 Z_{DR} 弧宽度的相关性较弱，平均 2dB 的 Z_{DR} 弧宽度与相应物理量的关系如下：

$$W = -0.309 + 1.45\times10^{-3}a + 3.80\times10^{-1}b - 1.96\times10^{-2}c \tag{7.20}$$

其中，W 为平均 2dB 的 Z_{DR} 弧宽度(km)；a 为 MUCAPE($\mathrm{J\cdot kg^{-1}}$)；b 为 1～3km 的风切变；c 为 3～6km 的相对湿度(%)。

Z_{DR} 弧宽度随着平均入流层风暴的相对风(0～2km)的增加而增加。

$$A = 3.29\times10^{-2}a + 5\times10^{-2}b - 7.37\times10^{-1}c - 44.86 \tag{7.21}$$

其中，A 为 3.5dB 的 Z_{DR} 弧的面积($\mathrm{km^2}$)；a 为 MUCAPE($\mathrm{J\cdot kg^{-1}}$)；b 为 LFC 高度(m)；c 为平均 3～6km 的相对湿度。

较高的 LFC 及较干的中间层空气导致降水在较高的高度形成，进而使得较高的 Z_{DR} 值在风暴的入流边界形成。

Z_{DR} 弧内的 Z_{DR} 的平均值通常只考虑大于等于 0dB 的取值。Z_{DR} 弧距离地面的高度需小于 1km。Z_{DR} 的平均值的多元回归模型如下：

$$\overline{Z_{DR}} = 8.12\times10^{-7}a - 5.79\times10^{-3}b + 6.74\times10^{-2}c + 1.995 \tag{7.22}$$

其中，a 为 LFC 高度(m)；b 为 6km 的相对湿度(%)；c 为 1～3km 的风切变。

4)降雹特征

超级单体风暴通常包含有降雹区，可以结合 Z_{HH} 以及接近于 0 的 Z_{DR} 值进行反演。虽然冰雹也可能出现在回波附属物中环绕中气旋的西侧，但是冰雹区域通常是中气旋最明显的下沉气流切变。在一些体扫中，低层可能缺乏冰雹，但是其在其他的一些的体扫中也观测到了冰雹。风暴的气旋特征还与龙卷相联系。

平均降雹区域的多元回归模型为

$$A = 7.527 + 1.31\times10^{-2}a - 2.41\times10^{-1}b - 6.36\times10^{-2}c \tag{7.23}$$

其中，a 为 LFC(m)；b 为 6km 处的相对湿度(%)；c 为 CIN($\mathrm{J\cdot kg^{-1}}$)。

LFC 与降雹区域有着密切的联系，较高的 LFC 会使得上升气流达到更高的高度，并使得温度也更低，Z_{DR} 柱也会延伸至 0℃以上更高的高度。此外 6km 处相对湿度，也是冰雹生长的重要条件；当湿度较小时，经由该高度下降的冰雹会产生更长时间的蒸发冷却过程，进而使得冰雹不会过多地融化而降落至地面。在降雹过程中 0℃高度若距离地面较近，则会有更多的冰雹在融化前降落至地面。

所有降雹面积除以同一风暴所有时间的平均值定义为降雹的“周期性”，实际为降雹面积归一化处理。

在相似和不同的环境下，对描述典型超级单体常见极化雷达特征的定量指标进行了比较。这些分析为风暴尺度环境如何影响超级单体风暴提供了新的观测证据，并为研究超级单体风暴在不同环境下的微物理和动力变化提供了指导。在相似的风暴环境中，Z_{DR} 柱高度及降雹面积将接近，对于 Z_{DR} 弧及其他降雹参量也是如此。

5. 观测设备及观测过程的天气特征

研究中观测设备主要包括：①车载 X 波段双偏振雷达（快速扫描，体扫时间约为 22s）；②GOES-16 可见与红外云图（地球同步轨道卫星，每 30min 的红外及可见光图像）；③S 波段双偏振多普勒雷达（体扫时间约为 4.5min）。

雹暴演变的中尺度及天气尺度特征：地表由暖湿空气及气旋控制，冷锋移近，出流边界加强；天气尺度的强迫为准地转强迫且相对较弱，500hPa 及 700hPa 的温度梯度相对较弱，500hPa 存在槽与气旋； 对流的形成与雹暴环境存在干热空气激流，于湿边界层上方存在弱的逆温，垂直风较强（约为 $20m \cdot s^{-1}$），CAPE 值至少为 $2000J \cdot kg^{-1}$。

雹暴的中尺度演变特征：起初为普通的多单体，随后单体出现合并，并逐渐形成钩状回波，然后演变为超级单体，其后是超级单体与飑线的合并，进而发展为弓形回波。

可视的外观特征：快速移动的云出现了下沉的特征并出现气旋性旋转的云，云下晴空点指示干沉降空气（通常会在龙卷前发生），随后是龙卷的发生。

雹暴微尺度特征：单体演变形成勾状回波，红外 10.4 μm 最低的云顶温度代表爆发性增长的云顶，云顶温度最低为-74℃。

6. 卫星与雷达的观测特征

为了更好地确定上升气流的位置，可以通过 Z_{DR} 柱、Z_{DR} 环（半环），以及有界的弱回波对其进行基本的判断。Z_{DR} 柱与 Z_{DR} 环通过数值模拟可知其为过冷水滴存在的证据，其在 0℃高度以上与湿雹及霰粒子对应，其可以产生相对较高的 Z_{DR} 值，同时研究也发现在 Z_{DR} 柱之上还有 Z_{DR} 环（这说明垂直切变很强）在扩展发展，不完整的环在上升气流中心或其前端形成。在 0℃高度以下，Z_{DR} 环及半环的形状与融化的霰粒子及雹有关，具有较高 Z_{DR} 值的湿冰相粒子在上升气流附近平流最终形成环形。有界弱回波是强上升气流存在的证据（主要在中层），强上升气流中反射率更强的水成物粒子会被对流到更高的高度，且会被疏散，但是强上升气流周围的水成物粒子则没有被对流到更高的高度；强上升气流与 Z_{DR} 柱有着密切的关系。

云顶的演变：云顶温度是最冷的，可指示爆发性的云顶，多单体阶段云顶温度约为-50℃，最冷的单体的红外温度为-76～-74℃；紧随着龙卷发生，云顶开始塌陷；尽管龙卷的形成并不能从云顶的变化反演给出，但是在超级单体形成过程中云的爆发与衰减均有发生，更重要的是相应较低云顶温度通常出现在成熟期。

上升气流、云顶及风暴尺度的特征：超级单体的发展演变，可以从可见光及红外云图进行反演。利用雷达及卫星等资料，研究主要的超级单体中上升气流与最高云顶的关系。

（1）当由多单体转变为超级单体时，云顶高度迅速增加；

（2）龙卷发生后，云顶高度有所降低。

最低的温度与最高的云顶相对应。“V”形冷区形成的主要机制：①爆发性增长的云顶；②在云顶下面伴随着下沉及垂直混合；③在云砧上方存在卷云。

7.8　多单体雹暴

多单体雹暴是典型的中尺度对流系统(mesoscale convective systems，MCS)，可造成人员伤亡及巨额财产的损失，提高其中冰雹(尺度、数量、降雹的时空分布)的预报能力，发展防雹技术，进而可减轻雹暴的影响。

1. 已有的冰雹预报方法

(1)利用探空的冰雹诊断预报，但有时缺乏实时的观测资料；

(2)利用简单云模式与冰雹增长模式，但可能预报的冰雹尺度过大；

(3)统计及利用机器学习的方法(主要包括：随机预报、决策树、线性回归)，但预报的时空分布与真实情况有较大的偏差；

(4)利用包含较成熟的微物理方案对流尺度的数值预报模式，预报的最大冰雹的尺度依然较小，若改进模式中的微物理参数化方案，可以更好地模拟冰相粒子的凇附过程；此外，模式中的不同的参数化方案导致雹暴的结构、累计降水量及冷池等有较大的差异。

2. 预报方法中存在的问题

问题 1：利用常规的数值预报很难对冰雹做出预报。

问题 2：降雹的时空分布，以及冰雹尺度分布的预报更加困难。

问题 3：目前冰雹业务预报能力有限。

核心的原因：雹暴中产生冰雹的微物理、动力及热动力过程复杂。

3. 研究的目的

(1)以不同的微物理方案，根据地面冰雹尺度分布、累积冰雹质量及冰雹数浓度，对冰雹进行预报。

(2)结合微物理诊断分析项，分析不同微物理方案造成预报差异的可能原因。

4. 研究方法

(1)模式模拟。所用的模式为改进的区域预报系统(advanced regional prediction system，ARPS)。

对雹暴的模拟采用的微物理方案为：Milbrandt-Yau microphysics scheme (Morrison and Milbrandt，2011)。

模式中具有“三参”方案，水成物粒子尺度分档对于分析冰雹在雹暴中的分布十分重要。

“单参”仅可以预报不同水成物粒子的混合比 Q；“双参”则可以预报所有及部分水成物粒子的混合比 Q 及总的数浓度；“三参”除了混合比 Q 及总的数浓度，还有水成物粒子的反射率因子。

模式模拟的反射率、最大估算冰雹尺度与雷达的冰雹的测量参量，即冰雹尺度、累积降雹量、冰雹数浓度。重点分析在不同环境中产生的雹暴类型及冰雹的产生及增长过程。将模式结果与观测值进行比较，并对微物理量的收支进行分析。

(2)观测。对于S波段多普勒雷达，地面观测包括：冰雹质量、数量，以及在雹暴中的分布特征。

5. 雹暴天气背景

(1)高空东亚槽、高空急流(最大风速为50m·s^{-1})；天气区位于槽前(正涡度平流区)及急流的出口区域(高空对应辐散)，利于不稳定层结的产生。

(2)中间层为切断低压(cut-off lows)嵌入东亚槽中。

(3)500hPa为冷平流，850hPa存在辐合线。

(4)CAPE为1500J·kg^{-1}。

(5)强的垂直风切变(0～6km的垂直风切变为24.5m·s^{-1})，整体理查森数为31.1。

(6)800～850hPa存在逆温(易于被低空的辐合突破)。

(7)中间层较干，低层为暖湿。

(8)多单体出现并“演变为”弓状回波。

6. 模式中水成物粒子的分布为伽马分布

$$N_x(D)=N_{0x}D^{\alpha_x}\exp(-\lambda_x D) \tag{7.24}$$

其中，$N_x(D)$为直径为D的第x类水成物粒子单位体积的数浓度；α_x为形状参数；N_{0x}与λ_x为截距与斜率参数。

数值试验中“三参”作为控制试验条件。

SAHNC定义为T_0～T_1时刻的大冰雹通量$R_{\mathrm{h}}(D)$(60s时间间隔)积分。

直径大于D的冰雹总的数浓度为

$$N_{D_h}(D)=\int_D^{\infty}N_h(D^*)\mathrm{d}D^* \tag{7.25}$$

直径为D的冰雹地表下落末速度为

$$V_h(D)=\gamma a_h D^{b_h}\mathrm{e}^{-f_h} \tag{7.26}$$

其中，$\gamma=(\rho_0/\rho)^{1/2}$，为密度相关因子，$\rho_0=1.225\mathrm{kg\cdot m^{-3}}$(7.27)(Foote and Toit, 1969)，ρ为空气密度；a_h、b_h、f_{h}分别206.89、0.6384及0.0(Ferrier，1994)。

7.9 低仰角偏振雷达对于雹暴的监测

偏振天气雷达具有提高定量测量降水、水成物粒子分类及对灾害性强对流天气过程进行监测与预警的功能。偏振雷达观测得到的偏振参量差分反射率Z_{DR}、相关系数ρ_{HV}及差分传播相移ϕ_{DP}可以用于分析水成物粒子的尺度、形状、浓度、取向及类型。强对流天气中，如上升气流、垂直风切变、风暴相对螺旋度等动力特征同样可以通过Z_{DR}柱或Z_{DR}弧反演获取；而动力信息如风暴的强度、运动及扰动则可以通过多普勒雷达测量的平均径向速度及谱宽等反演得到。这些偏振及多普勒参量可以解析分辨率体积中的动力或微物理特征。多普勒谱将回波功率描述为径向速度的函数，每个垂直库中功率是所有具有相同径向速度的散射体所产生的。同样地，谱差分反射率为差分反射率的谱，即于每个库中所有具有相同径向速度的散射体所产生的回波水平极化功率与垂直极化功率的比；此外，谱相关系数也可以同样的方式加以理解。因此，如果水成物粒子的尺度与径向速度能够建立关系（即尺度分类若可行），谱偏振参量可以揭示作为水成物粒子尺度函数的偏振特性，而偏振参量则可以通过积分所有分辨率体积的谱偏振参量得到。

由于水成物粒子种类及尺度不同，因此具有不同的下落速度。谱偏振参量可以依据水成物粒子的不同下落速度开展研究；对于垂直指向的雷达观测，这样的尺度分类可最大化，但是从底部观测的水成物粒子（如雨滴）的 Z_{DR} 则为 0dB。另一个极端的例子是仰角为 0°时，Z_{DR} 的量级最大，但是由于所有水成物粒子具有同样的径向速度，因而尺度分类完全消失。谱偏振参量倾向于从较高的仰角观测，同时考虑水成物粒子的下落末速度及其偏振特征。

Spek 等（2008）通过 S 波段雷达在 45° 仰角的谱偏振参量资料，反演了两类混合冰相粒子、背景风场与扰动。Moisseev 等（2006）利用 S 波段雷达在 30° 仰角的谱偏振参量估算了雨滴的形状参数。不同的水成物粒子的下落末速度及尺度分类可依据不同的机制划分；在雹暴的不同区域中谱差分反射率呈现出较大的差异，这与湍流环境中切变造成的雨滴与融化的冰雹尺度分化有关；因此，在存在风切变的雹暴系统中，依赖尺度的水成物粒子下落末速度可通过仰角为 0° 偏振谱获得。

1. 双波长雷达的协同观测

利用 C 波段 OU-PRIME（University of Oklahoma polarimetric radar for innovations in meteorology and engineering）与 S 波段 KOUN（norman of Oklahoma）的双偏振雷达同时对雹暴进行观测（其中 C 波段的雷达位于 S 波段雷达的东南侧 6.78km），并收集同相位及正交相位的资料，两个雷达均为同收发工作模式。

尽管两部雷达的扫描方式及分辨率有所不同，但是两个不同波长的雷达依然可以通过同时观测得到有价值的信息。Borowska 等（2011）利用两部雷达研究了融化冰雹对雷达回波的衰减问题，Picca 和 Ryzhkov（2012）则研究了近地面冰雹的特性，同时估算了冰雹的尺度。

由图 7.2 可知，两个雷达的反射率 Z 与差分反射率 Z_{DR} 的观测结果较为相似，且都可以观测到超过 60dBZ 强中心及超过 4dB 的差分反射率中心，而相应的相关系数则低至 0.8。由于受到大的液滴与融化的冰雹粒子衰减的影响，C 波段雷达观测于强中心后方的 Z_{DR} 降低至-3.5dB，而未受到衰减影响的 S 波段雷达相应位置的 Z_{DR} 则为 2～3dB。S 波段雷达通过水成物粒子识别算法，于强中心处识别出了雨夹雹，其距离地面 1～4km；由此可见两个不同波长的雷达在最低仰角观测雹、雨及大液滴的混合物时表现是有明显差异的。

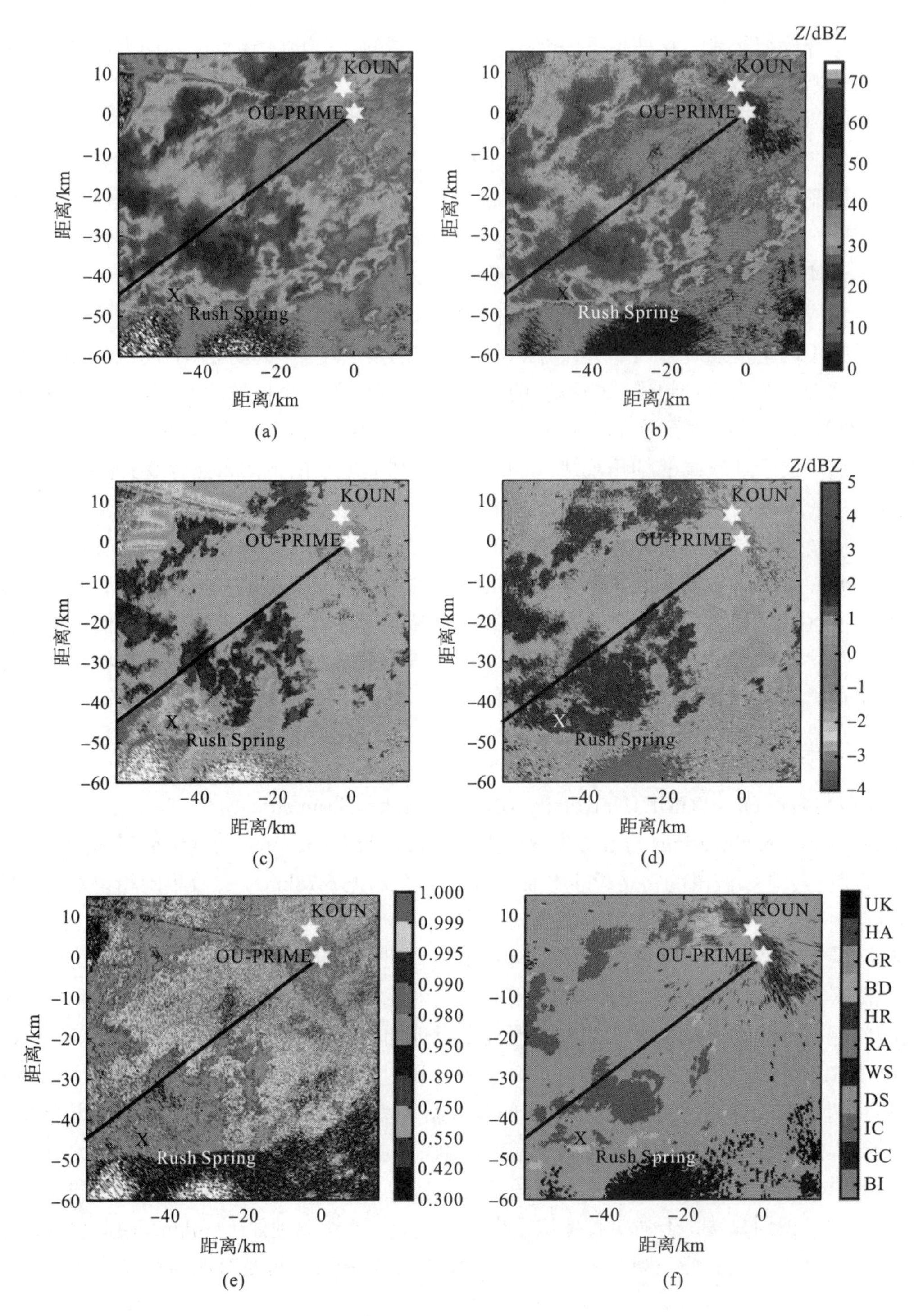

图 7.2 2011 年 4 月 24 日俄克拉何马州雹暴的 C 波段 3 雷达仰角为 0°(左)与 S 波段 KOUN 雷达仰角为 0.5°(右)的 PPI 观测结果

注：(a)(b)为反射率 Z，(c)(d)为差分反射率 Z_{DR}，(e)为 C 波段 OU-PRIME 雷达的相关系数，(f)为 S 波段 KOUN 雷达的水成物粒子分类结果(UK 为未知回波、HA 为雨夹雹、GR 为霰粒子、BD 为大雨滴、HR 为强降雨、RA 为小到中雨、WS 为湿雪、DS 为干雪、IC 为冰晶、GC 为地物杂波、BI 为生物散射。两个六角星分别为雷达所在的位置)(Wang et al.，2019)。

2. 0° 仰角的谱偏振参量

观测中每个水平 H 及垂直 V 通道的功率谱密度(power spectral density，PSD)及两个通道之间的交叉谱密度(cross-spectral density，CSD)均得以计算。其中，平均的水平 H 及垂直 V 通道的 PSD 分别记为 S_H 与 S_V，因而谱差分反射率则为

$$sZ_{DR}=\frac{S_H}{S_V} \tag{7.27}$$

3. 切变导致的粒子分类

水成物粒子在下落过程中会受到环境流场垂直切变的影响，单个粒子水成物粒子受到的力主要包括重力与拖拽力。若只考虑水平及垂直方向，直径为 D 的单个水成物粒子在有切变的环境下落，其下落速度可以表示为

$$\vec{V}=\overrightarrow{V_H}+\overrightarrow{V_V} \tag{7.28}$$

即水平及垂直方向速度的合成。

水成物粒子受到的净力为

$$\overrightarrow{F_n}=\overrightarrow{F_g}+\overrightarrow{F_d} \tag{7.29}$$

其中，$\overrightarrow{F_g}=m\vec{g}$ 为重力，而拖拽力则可表示为(Bohne，1982)

$$F_d=-m\frac{\vec{V}-\vec{U}}{\tau} \tag{7.30}$$

其中，$\tau=V_t(D)/g$ 为时间常数；$V_t(D)$ 为直径为 D 的水成物粒子的下落末速度；$\vec{U}$ 为环境风速。

水成物粒子的水平与垂直速度可表示为

$$V_H(t)=U_H(t)+\frac{sV_t^2(D)}{g} \tag{7.31}$$

$$V_V(t)=-V_t(D) \tag{7.32}$$

其中，$s=\mathrm{d}U_h/\mathrm{d}z$ 为定常垂直切变。

若水成物粒子在风切变环境中的倾角为 γ，则有(Brussaard，1974)

$$\tan\gamma=-sV_t(D)/g \tag{7.33}$$

雷达观测的水成物粒子的径向速度是两个径向速度分量的和，即

$$v=V_H\cos\theta+V_V\sin\theta \tag{7.34}$$

其中，θ 为仰角。

在较高仰角的状态下，水成物粒子分类与其下落的水平及垂直分量有关，然而当仰角为 0° 时，水成物粒子分类则主要受水平分量(即切变项)的影响。如果在风切变的环境中没有湍流变化，水成物粒子的分布范围为 D_{min}～D_{max}，当背景风 $U_h(t)=0$ 时，径向速度对应的变化范围则为 $\frac{sV_t^2(D_{min})}{g}\sim\frac{sV_t^2(D_{max})}{g}$；因此仰角为 0° 时，如果无风切变，所有的水成物粒子将有相同的径向速度。

7.10 小　结

在实际的雹暴监测中，通常都采用综合监测方法，只有如此才能更好地了解雹暴系统中的热力、动力、微物理及电活动过程。本章主要包括：冰雹大量累积雹暴的闪电及双偏振雷达特征、使用常规天气雷达预警雹暴中的冰雹累积、基于雷达冰雹识别算法扩大冰雹天气数据库的方法、美国南部大平原冰雹的时间变化和成因的监测研究、产生大量小雹的雹暴的监测研究、雨滴谱仪与X波段雷达对雹暴系统中对流性降水的监测、超级单体爆发性增长的云顶及其雷达观测特征、多单体雹暴，以及低仰角偏振雷达对于雹暴的监测。

参考文献

Anagnostou M N，Anagnostou E N，Vivekanandan J，2006. Correction for rain path specific and differential attenuation of X-band dual-polarization observations[J]. IEEE Geosci. RemoteSens.，44：2470-2480.

Atlas D，Srivastava R C，Sekhon R S，1973. Doppler radar characteristics of precipitation at vertical incidence[J]. Rev. Geophys. Space Phys.，11：1-35.

Baggett C F，Nardi K M，Childs S J，et al.，2018. Skillful subseasonal forecasts of weekly tornado and hail activity using the Madden-Julian Oscillation[J]. J. Geophys. Res. Atmos.，123：12661-12675.

Blair S F，Deroche D R,Boustead J M，et al.，2011. A radar-based assessment of the detectability of giant hail[J]. Electron. J. Severe Storms Meteor., 6(7):1-30.

Bohne A R，1982. Radar detection of turbulence in precipitation environments[J]. J. Atmos. Sci.，39：1819-1837.

Borowska L，Ryzhkov A V，Zrnić D S，2011. Attenuation and differential attenuation of 5-cm-wavelength radiation in melting hail[J]. J. Appl. Meteor. Climatol.，50：59-76.

Bringi V N，Chandrasekar V，2001. Polarimetric Doppler Weather Radar：Principles and Applications[M]. Cambridge：Cambridge University Press.

Browning K A，1964. Airflow and precipitation trajectories with in severe local storms which travel to the right of the winds[J]. J. Atmos. Sci.，21：634-639.

Browning K A，Foote G B，1976. Airflow and hail growth in supercell storms and some implications for hail suppression. [J].Quart J. Roy. Meteor. Soc.，102：499-533.

Brussaard G，1974. Rain-induced cross polarization and raindropcanting[J]. Electron. Lett.，10：411-412.

Carey L D，Rutledge S A，Ahijevych D A，et al.，2000. Correcting propagation effects in C-band polarimetric radar observations of tropical convection using differential propagation phase[J]. J. Appl. Meteor.，39：1405-1433.

Changnon S A，1999. Data and approaches for determining hail risk in the contiguous United States[J]. J. Appl. Meteor.，38：1730-1739.

Childs S J，Schumacher R S，Allen J T，2018. Cold-season tornadoes: Climatological and meteorological insights[J]. Wea. Forecasting, 33:671-691.

Colby F P Jr.，1984. Convective inhibition as a predictor of convection during AVE-SESAME II[J]. Mon. Wea. Rev.，112：2239-2252.

Conway J W，Zrnić D S，1993. A study of embryo production and hail growth using dual-doppler and multiparameter radars[J]. Mon.

Wea. Rev.，121：2511-2528.

Crowe C C，Schultz C，Kumjian M，et al.，2012. Use of dual-polarization signatures in diagnosing tornadic potential.[J]. Electron J. Oper. Meteor.，13(5)：57-78.

Dennis E J，Kumjian M R，2017. The impact of vertical wind shear on hail growth in simulated supercells[J]. J. Atmos. Sci.，74：641-663.

Evans J S，Doswell C A，2001. Examination of derecho environments using proximity soundings[J]. Wea. Forecasting，16：329-342.

Fan J，Coauthors，2018. Substantial convection and precipitation enhancements by ultrafine aerosol particles[J]. Science，359：411-418.

Ferrier B S，1994. A two-moment multiple-phase four-class bulk ice scheme. Part I：Description[J]. J. Atmos. Sci.，51：249-280.

Foote G B，Toit P S，1969. Terminal velocity of raindrops aloft[J]. J. Appl. Meteor.，8：249-253.

Friedrich K，Coauthors，2019. CHAT：The Colorado hail accumulation from thunderstorms project[J]. Bull. Amer. Meteor. Soc.100：459-471.

Grant L D，Van Den Heever S C，2014. Microphysical and dynamical characteristics of low-precipitation and classic supercells[J]. J. Atmos. Sci.，71：2604-2624.

Grzych M L，Lee B D，Finley C A，2007. Thermodynamic analysis of supercell rear-flank downdrafts from project answers[J]. Mon. Wea. Rev.，135：240-246.

Heymsfield A J，Miller K M，1988. Water vapor and ice mass transported into the anvils of CCOPE thunderstorms：Comparison withstorm influx and rainout[J]. J. Atmos. Sci.，45：3501-3514.

Heymsfield A J，Wright R，2014. Graupel and hail terminal velocities does a “supercritical” reynolds number apply? [J]. J. Atmos. Sci.，71：3392-3403.

Huang G J，Bringi V N，Cifelli R，et al.，2010. A methodology to derive radar reflectivity-liquid equivalent snow rate relations using C-band radar and a 2D video disdrometer[J]. J. Atmos. Oceanic Technol.，27：637-651.

Hubbert J C，Bringi V N，Carey L D，et al.，1998. CSU-CHILL polarimetric radar measurements from a severe hail storm in eastern Colorado[J]. J. Appl. Meteor.，37：749-775.

Johnson A W，Sugden K E，2014. Evaluation of soundingderivedthermodynamic and wind-related parameters associatedwith large hail events[J]. Electron. J. Severe Storms Meteor.，9(5)：1-42.

Kalina E A，Friedrich K，Motta B，et al.，2016. Colorado plowable hailstorms：Synopticweather，radar，and lightning characteristics[J]. Wea. Forecasting，31：663-693.

Knight C A，Knight N C，2001. Hailstorms in severe convective storms[J]. Severe Convective Storms，Meteor. Monogr.，Amer. Meteor. Soc.，50：223-254.

Knight N C，Heymsfield A J，1983. Measurement and interpretation of hailstone density and terminal velocity[J]. J. Atmos. Sci.，40：1510-1516.

Kumjian M R，2013. Principles and applications of dual-polarization weather radar. Part I：Description of the polarimetric radarvariables[J]. J. Oper. Meteor.，1：226-242.

Kumjian M R，2018. Weather radars. Remote sensing of clouds and precipitation[M]. C. Andronache，Ed.，Springer-Verlag：15-63.

Kumjian M R，Martinkus C，Prat O P，et al.，2019. A moment-based polarimetric radarforward operator for rain microphysics[J]. J. Appl. Meteor. Climatol.，58：113-130.

Lebo Z J，2018. A numerical investigation of the potential effects of aerosol-induced warming and updraft width and slope on updraft intensity in deep convective clouds[J]. J. Atmos. Sci.，75：535-554.

Lebo Z J，Morrison H，Seinfeld J H，2012. Are simulated aerosol-induced effects on deep convective clouds strongly dependent on saturation adjustment?[J]. Atmos. Chem. Phys.，12：9941-9964.

Lemon L R，Burgess D W，Brown R A，1978. Tornadic storm airflow and morphology derived from single-Doppler radar measurements[J]. Mon. Wea. Rev.，107：1184-1197.

Lozowski E P，Beattie A G，1979. Measurements of the kinematics of natural hailstones near the ground. Quart[J]. J. Roy. Meteor. Soc.，105：453-459.

Moisseev D N，Chandrasekar V，Unal C M H，et al.，2006. Dual-polarization spectral analysis forretrieval of effective raindrop shapes[J]. J. Atmos. Oceanic Technol.，23：1682-1695.

Molinari R L，1987. Air-massmodification over the eastern Gulf of Mexico as a function of surface wind fields and loop current position[J]. Mon. Wea. Rev.，115：646-652.

Morrison H，Milbrandt J，2011. Comparison of two-moment bulk microphysics schemes in idealized supercell thunderstorm simulations[J]. Mon. Wea. Rev.，139：1103-1130.

Nelson S P，1983. The influence of storm flow structure on hail growth[J]. J. Atmos. Sci.，40：1965-1983.

Ni X，Muehlbauer A，Allen J T，et al.，2020. A Climatology and extreme value analysis of large hail in China[J]. Mon. Wea. Rev.，148(4)：1431-1446.

Ortega K L，2018. Evaluating multi-radar，multi-sensor productsfor surface hail-fall diagnosis. Electron[J]. J. Severe Storms Meteor.，13(1)：1-36.

Ortega K L，Krause J M，Ryzhkov A V，2016. Polarimetric radar characteristics of melting hail. Part III：Validation of the algorithm for hail size discrimination[J]. J. Appl. Meteor. Climatol.，55：829-848.

Palmer R D，Coauthors，2011. Observations of the 10 May2010 tornado outbreak using OU-PRIME：Potential for new science with high-resolution polarimetric radar[J]. Bull. Amer. Meteor. Soc.，92：871-891.

Picca J，Ryzhkov A V，2012. A dual-wavelength polarimetric analysis of the 16 May 2010 Oklahoma City extreme hailstorm[J]. Mon. Wea. Rev.，140：1385-1403.

Pruppacher H R，Klett J D，1997. Microphysics of Clouds and Precipitation[M]. 2nd ed. Dordrecht：Kluwer Academic.

Rasmussen E N，2003. Refined supercell and tornado parameters[J]. Wea. Forecasting，18：530-535.

Ryzhkov A V，Pinsky M，Pokrovsky A，et al.，2011. Polarimetric radar observation operator for a cloud model with spectral microphysics[J]. J. Appl. Meteor. Climatol.，50：873-894.

Schlatter T W，Doesken N，2010. Deep hail：Tracking an elusive phenomenon[J]. Weatherwise，63(5)：35-41.

Snyder J C，Bluestein H B，Dawson D T，et al.，2017. Simulations of polarimetric，X-band radar signatures in supercells. Part II：ZDR columns and rings and KDP columns[J]. J. Appl. Meteor. Climatol.，56：2001-2026.

Spek A L J，Unal C M H，Moisseev D N，et al.，2008. New technique to categorize and retrieve the microphysical properties of ice particles above the melting layerusing radar dual-polarization spectral analysis[J]. J. Atmos. Oceanic Technol.，25：482-497.

Steiner M，Lee G，Ellis S M，et al.，2009. Quantitative precipitation estimation and hydrometeor identificationusing dual-polarization radar-Phase II[R]. Ncartech. Rep. ：74 .

Takahashi T，1978. Riming electrification as a charge generation mechanism in thunderstorms[J]. J. Atmos. Sci.，35：1536-1548.

Tessendorf S A，Miller L J，Wiens K C，et al.，2005. The 29 June 2000 supercell observed during steps. PartI：Kinematics and microphysics[J]. J. Atmos. Sci.，62：4127-4150.

Testud J，Le Bouar E，Obligis E，et al.，2000. The rain profiling algorithm applied to polarimetric weather radar[J]. J. Atmos. Oceanic

Technol.，17：332-356.

Thompson A M，Coauthors，2003. Southern Hemisphere Additional Ozonesondes (SHADOZ) 1998-2000 tropical ozone climatology. 2. Tropospheric variability and the zonal wave-one[J]. J. Geophys. Res.，108：8241.

Thurai M，Petersen W A，Tokay A，et al.，2011. Drop size distribution comparisons between PARSIVEL and 2-D video disdrometers[J]. Adv. Geosci.，30：3-9.

Tuovinen A P，Hohti H，2020. Enlarging the severe hail database in finland by using a radar-based hail detection algorithm and email surveys to limit underreporting and population biases[J]. Wea. Forecasting，35：711-721.

Waldvogel A，Federer B，Grimm P，1979. Criteria for the detection of hail cells[J]. J. Appl. Meteor.，18：1521-1525.

Wallace R，Friedrich K，Kalina E A，et al.，2019. Using operational radar to identify deep hail accumulations from thunderstorms[J]. Wea. Forecasting，34：133-150.

Wallace R，Friedrich K，Deierling W，et al.，2020. The lightning and dual-polarization radar characteristics of three hail-accumulating thunderstorms[J]. Wea. Forecasting，35(4)：1583-1603.

Wang J，Van Den Heever S C，Reid J S，2009. A conceptual model for the link between central American biomass burning aerosols and severe weather over the south central United States[J]. Environ. Res. Lett.，4：015003.

Wang Y，Yu T Y，Ryzhkov A V，et al.，2019. Application of spectral polarimetry to a hailstorm at low elevation angle[J]. J. Atmos. Oceanic Technol.，36(4)：567-583.

Witt A，Eilts M D，Stumpf G J，et al.，1998. An enhanced hail detection algorithmfor the WSR-88D[J]. Wea. Forecasting，13：286-303.

Zhang G，Luchs S，Ryzhkov A V，et al.，2011. Winter precipitation microphysics characterized by polarim etric radar and video disdrometer observations in central Oklahoma[J]. J. Appl. Meteor. Climatol.，50：1558-1570.

Zrnić D S，Doviak R J，Zhang G，et al.，2010. Bias in differential reflectivity due to cross-coupling through the radiation patterns of polarimetric weather radars[J]. J. Atmos. Oceanic Technol.，27：1624-1637.